SAMMLUNG GÖSCHEN BAND 374

EINFÜHRUNG IN DIE THEORETISCHE PHYSIK

BAND IV

THERMODYNAMIK

von

DR.-ING. WERNER DÖRING
o. Professor an der Justus-Liebig-Hochschule Gießen

Mit 9 Abbildungen

WALTER DE GRUYTER & CO.
vormals G. J. Göschen'sche Verlagshandlung · J. Guttentag,
Verlagsbuchhandlung · Georg Reimer · Karl J. Trübner · Veit & Comp.

BERLIN 1956

Archiv-Nr. 11 03 74
Satz: Walter de Gruyter & Co., Berlin W 35
Druck: Paul Funk, Berlin W 35
Printed in Germany

Inhaltsverzeichnis

Verzeichnis einiger einschlägiger Werke

a) Werke über das Gesamtgebiet der theoretischen Physik

H. v. Helmholtz: *Vorlesungen über theor. Physik* (6 Bände). Bd. VI: *Theorie der Wärme*. Leipzig 1903.

F. Hund: *Einführung in die theor. Physik* (5 Bände). 4. Bd.: *Theorie der Wärme*. Leipzig 1950.

G. Joos: *Lehrbuch der theor. Physik*. 8. Aufl. Leipzig 1954.

G. Kirchhoff: *Vorlesungen über math. Physik*. Bd. IV: *Theorie der Wärme*. Leipzig 1894.

L. Page: *Introduction to theor. Physics*. 3. Aufl. Toronto, New York, London 1952.

M. Planck: *Vorlesungen über Thermodynamik*. 9. Aufl. Berlin 1930 (und 4 weitere Bände)

Cl. Schäfer: *Einführung in die theor. Physik* (3 umfangreiche, z. T. mehrteilige Bände) 2. Band: *Theorie der Wärme. Molekular-kinetische Theorie der Materie*. 3. Aufl. Nachdruck. Berlin 1955.

J. C. Slater, N. H. Frank: *Introduction to theor. Physics*. New York 1933.

A. Sommerfeld: *Vorlesungen über theor. Physik* (6 Bände). Bd. V: *Thermodynamik und Statistik*, herausgeg. von F. Bopp und J. Meixner, Wiesbaden 1952.

W. Weizel: *Lehrbuch der theor. Physik* (2 Bände). Berlin, Göttingen, Heidelberg 1950.

b) Beiträge zu Handbüchern

Encyklopädie der math. Wissenschaften, Bd. V, 1. Teil, Abschn. B: *Thermodynamik* (mehrere Verfasser). Berlin 1903—1905.

Handbuch der Experimentalphysik, Leipzig 1929.

Bd. 8, 1. Teil: A. Eucken: *Energie und Wärmeinhalt*

Bd. 8, 2. Teil: *Wärmeausdehnung, Zustandsgrößen und Theorie der Wärme* (mehrere Verfasser).

Bd. 9, 1. Teil: *Gasverflüssigung, Wärmeleitung, Wärmestrahlung* (mehrere Verfasser).

Bd. 9, 2. Teil: A. Loschge: *Wärmekraft- und Wärmearbeitsmaschinen*.

Handbuch der Physik, Berlin 1926.

Bd. 9: *Theorie der Wärme*.

Bd. 10: *Thermische Eigenschaften der Stoffe* (viele verschiedene Verfasser).

Müller-Pouillets *Lehrbuch der Physik*. 11. Aufl. Bd. III: *Wärmelehre* (mehrere Verfasser). Braunschweig 1926.

c) Einzelwerke über Thermodynamik und ihre Anwendungen

R. Becker: *Theorie der Wärme.* Berlin, Göttingen, Heidelberg 1955.
H. Blasius: *Wärmelehre. Physikalische Grundlagen vom techn. Standpunkt.* 3. Aufl. Hamburg 1941.
A. Eucken: *Lehrbuch der chemischen Physik.* II. Bd.: *Makrozustände der Materie* (2 Teilbände). 3. Aufl. Leipzig 1948.
A. Eucken: *Grundriß der physikalischen Chemie*, 4. Aufl. Leipzig 1934.
S. Fowler, E. A. Guggenheim: *Statistical Thermodynamics.* Cambridge 1952.
J. W. Gibbs: *Thermodynamische Studien.* Leipzig 1902.
S. R. de Groot: *Thermodynamics of irreversible Processes.* Amsterdam 1952.
E. A. Guggenheim: *Thermodynamics.* Amsterdam 1950.
G. N. Lewis, M. Randall: *Thermodynamik und die freie Energie der Substanzen.* Wien 1927.
W. Nusselt: *Techn. Thermodynamik I und II.* Sammlung Göschen Bd. 1084 und 1151. 1955 u. 1951.
M. Planck: *Vorlesungen über Wärmestrahlung.* 5. Aufl. Leipzig 1923.
O. Sackur: *Lehrbuch der Thermochemie und Thermodynamik.* 2. Aufl. bearbeitet von Cl. v. Simon. Berlin 1928.
F. Schmidt: *Einführung in die techn. Thermodynamik.* 3. Aufl. Berlin 1945.
W. Schottky, H. Ulich, C. Wager: *Thermodynamik.* Berlin 1929.
H. Zeise: *Thermodynamik auf der Grundlage der Quantentheorie, Quantenstatistik und Spektroskopie.* Berlin 1944.

I. Die grundlegenden Begriffe der Thermodynamik

§ 1. Temperatur und Wärmemenge

Die Thermodynamik oder Wärmelehre entwickelte sich im 17. und 18. Jahrhundert als ein selbständiges Gebiet der Physik. Alle ihre Gesetze sind formal gekennzeichnet durch das Vorkommen der Begriffe Temperatur und Wärmemenge, welche ursprünglich als Grundbegriffe, d. h. durch die Angabe eines Verfahrens zu ihrer Messung definiert wurden. Im 19. Jahrhundert erkannte man, daß sich alle thermodynamischen Erscheinungen auf die unregelmäßigen und makroskopisch nicht sichtbaren Bewegungen der Atome und Moleküle in den Körpern zurückführen lassen. Die Grundbegriffe Temperatur und Wärmemenge kann man daher heute durch abgeleitete Begriffe ersetzen. Bei Benutzung der absoluten Temperaturskala ist die mittlere kinetische Energie der Wärmebewegung eines einzelnen Atoms proportional zur Temperatur und könnte daher statt der Temperatur benutzt werden. Die Wärmemenge, die von einem Körper auf einen anderen übergeht, ist proportional der Energie, die infolge der Wechselwirkung zwischen den Atomen an ihrer Berührungsfläche aus dem Energievorrat der Wärmebewegung des einen Körpers in die des anderen übergeht.

Es ist heute üblich, die Wärmemenge nicht mehr als Grundbegriff zu betrachten, sondern darunter die soeben genannte Energie selbst zu verstehen. Die Temperatur dagegen pflegt man noch immer als Grundbegriff aufzufassen. Zu ihrer Definition nutzt man die folgende Erfahrungstatsache aus: Wenn man einige Körper miteinander in Berührung bringt, so daß ein Austausch von Wärmeenergie zwischen ihnen stattfinden kann, und sie von den übrigen Körpern der weiteren Umgebung isoliert, so stellt sich nach einiger Zeit ein Gleichgewichtszustand ein, in welchem sich alle Zustandsgrößen in allen Teilen der in Kontakt befindlichen Körper zeitlich nicht mehr ändern. In diesem Zustand des thermischen Gleichgewichtes geht im Mittel keine Wärme von einem Körper auf einen anderen über. Dann schreibt man definitionsgemäß den Körpern die gleiche Temperatur zu. Wenn zwei Körper nicht im thermischen Gleichgewicht sind, bezeichnet man die Temperatur desjenigen, der bei Berührung Wärme an den anderen abgibt, als die höhere.

Zur Gewinnung von Maßzahlen für die Temperaturen kann man nun irgendeine gut meßbare Eigenschaft eines Körpers heranziehen, z. B. das scheinbare Volumen von Quecksilber in Glasröhren. Je nachdem, welche Substanz und welche Eigenschaft man benutzt, erhält man verschiedene Thermometer und Temperaturskalen. Aus theoretischen Gründen betrachtet man heute das Gasthermometer als allein verbindlich und schließt die Angaben aller anderen Thermometer daran an. Genauer gesagt, man setzt fest: Das Volumen V eines verdünnten Gases bei konstantem Druck ist seiner absoluten Temperatur T proportional, oder mit anderen Worten: Das Verhältnis der absoluten Temperaturen zweier Körper ist gleich dem Verhältnis der Volumina ein und derselben Gasmenge beim gleichen Druck im thermischen Gleichgewicht mit den beiden Körpern. Erfahrungsgemäß liefern alle Gase bei genügend kleinem Druck für dieses Verhältnis denselben Wert.

Die Temperatureinheit 1 Grad (1°) wird heute durch die Vorschrift festgelegt, daß die Temperatur, bei der reines Wasser mit seinem Eis und seinem reinen Dampf im Gleichgewicht ist (Tripelpunkt des Wassers), den Wert 273,1500° haben soll. Dann beträgt die Differenz zwischen der Temperatur, bei der reines Wasser mit seinem Eis beim Druck von 1 Atm. im Gleichgewicht ist (Eispunkt), und der Temperatur, bei welchem reines Wasser mit seinem Dampf beim Druck von 1 Atm. im Gleichgewicht ist (Siedepunkt des Wassers), recht genau 100°.

Von dieser absoluten Temperatur T unterscheidet sich die praktisch bevorzugte Celsiustemperatur T_{Cels} um eine additive Konstante von solcher Größe, daß am Eispunkt $T_{\text{Cels}} = 0$ ist. Nach den neuesten Messungen ist

$$T_{\text{Cels}} = T - 273{,}16^{\circ}. \qquad (1)$$

Die durch das Gasthermometer definierte absolute Temperatur T kann mit Hilfe des zweiten Hauptsatzes auch ohne Benutzung einer speziellen thermometrischen Substanz definiert werden (vgl. § 10). Nur für sie gilt die erwähnte Proportionalität zwischen Temperatur und mittlerer kinetischer Energie der Wärmebewegung eines einzelnen Atoms. Für die praktische Temperaturmessung ist jedoch das Gasthermometer sehr unbequem. Man hat deshalb in den Eichinstituten eine Anzahl weiterer Fixpunkte außer dem Tripelpunkt des Wassers sorgfältig ausgemessen und gewisse andere Thermometer, wie Widerstandsthermometer, Thermoelemente, Strahlungsmesser usw., an das Gasthermometer angeschlossen. Die genauesten dieser Angaben hat man zu der sog. gesetzlichen Temperaturskala zusammengefaßt. Nach den in ihr enthaltenen Vorschriften eicht man heute alle Präzisionsthermometer.

§ 2. Die spezifische Wärme

Eine Erhöhung der Temperatur eines Körpers erreicht man am einfachsten durch Wärmezufuhr, indem man den Körper mit einem anderen Körper höherer Temperatur in Kontakt bringt. Bei einem homogenen Körper ist die Wärmeenergie ΔQ, die bei einer Temperaturerhöhung um ΔT zugeführt werden muß, seiner Masse m proportional, denn dabei muß jedem seiner Moleküle im Mittel die gleiche Energie zugeführt werden. Die Molekülzahl ist aber m proportional. Die Größe

$$\bar{c} = \frac{\Delta Q}{m \Delta T} \tag{1}$$

ist also von m unabhängig. Sie heißt die mittlere spezifische Wärme des Körpers im Temperaturintervall ΔT. Durch den Grenzübergang $\Delta T \to 0$ gelangt man zu der wahren spezifischen Wärme

$$c = \frac{1}{m} \frac{dQ}{dT}. \tag{2}$$

Im allgemeinen hängt c nicht nur von der Temperatur ab, sondern auch noch davon, wie man die Erwärmung durchführt, ob man z. B. dabei den Druck oder das Volumen konstant hält. Bei reaktionsfähigen chemischen Gemischen kommt es außerdem darauf an, ob man die Erwärmung so rasch durchführt, daß dabei eine Änderung der chemischen Zusammensetzung praktisch noch nicht erfolgen kann, oder so langsam, daß sich in jedem Augenblick diejenige Zusammensetzung einstellt, die bei der betreffenden Temperatur im thermischen Gleichgewicht ist. Die Bedingungen, unter denen die Erwärmung erfolgte, pflegt man bei Angaben der spezifischen Wärme durch Indizes anzugeben.

Die spezifische Wärme hat die Dimension Energie dividiert durch Masse mal Temperatur. Die gebräuchlichste Methode zu ihrer Messung besteht in einem Vergleich mit der spezifischen Wärme des Wassers. Deshalb wird bei thermischen Messungen besonders häufig die Energieeinheit 1 Kalorie (1 cal) verwendet, welche dadurch definiert ist, daß die mittlere spezifische Wärme des Wassers zwischen 14,5° und 15,5° Celsius gerade 1 cal/g · Grad betragen soll.

Einige erläuternde Betrachtungen erfordert noch der Begriff Molwärme, der besonders in der physikalischen Chemie viel benutzt wird. Unter dem Molekulargewicht M einer Substanz versteht man das Verhältnis der Masse eines seiner Moleküle zu $^1/_{32}$ der Masse eines Sauerstoffmoleküls. M ist also eine Zahl. Unter einem Mol wollen wir die Masse $\mathsf{M} = M$ Gramm verstehen. Das Mol wird oft als eine stoffabhängige Masseneinheit bezeichnet. Diese Ausdrucksweise ist etwas schief, denn M ist gerade nichts Einheitliches, sondern eine von Substanz zu Substanz verschiedene Masse. Die Molwärme C ist nun das Produkt aus der spezifischen Wärme c und der Masse $\mathsf{M} = 1$ Mol:

$$\mathsf{C} = \mathsf{M}c. \tag{3}$$

Diese Größe hat den Vorteil, daß in manchen Fällen ihr Wert bei verschiedenen Substanzen einfachen Gesetzen gehorcht. Sie hat aber den schwerwiegenden Nachteil, daß sie nicht unabhängig von den Einheiten definiert werden kann. Während die Definition (2) der spezifischen Wärme keine Einheit erwähnt und daher für jede Einheitenwahl richtig ist, kann die Masse M und daher auch C nicht ohne Benutzung der Einheit 1 Gramm erklärt werden. Solche Begriffe nennt man nach Pohl Nebenbegriffe. C hat die Dimension Energie/Temperatur, also nicht die Dimension einer spez. Wärme.

Bei C liegen also die Verhältnisse ähnlich wie bei den Angaben auf den deutschen Verkehrsschildern, auf denen statt einer Geschwindigkeit das Produkt aus der Geschwindigkeit und der Zeiteinheit 1 Stunde steht, also ein Nebenbegriff der Dimension Weg.

Nebenbegriffe lassen sich stets vermeiden. Wir wollen sie deshalb hier nur in der chemischen Thermodynamik benutzen, weil es dort noch weitgehend üblich ist. In den Formeln sollen die Nebenbegriffe durch die Schriftart „Grotesk" gekennzeichnet werden (Nomen est omen).

§ 3. Die Zustandsgleichung des idealen Gases

Um 1660 fand Townley, ein Schüler von Boyle in England, und etwas später auch Mariotte in Frankreich, daß bei einem Gas für genügend kleine Drucke das Produkt aus Druck und Volumen bei konstanter Temperatur konstant ist:

$$pV = \text{konstant}. \tag{1}$$

In dem Bereich, in welchem dieses sog. Boyle-Mariottesche Gesetz gilt, nennt man das Gas „ideal". Gay-Lussac fand um 1800, daß bei konstantem kleinem Druck das Volumen V einer Gasmenge, dividiert durch das Volumen V_0 beim Eispunkt, bei allen Gasen die gleiche Funktion der Temperatur ist. Da diese Funktion definitionsgemäß der absoluten Temperatur T proportional ist, ist demnach die Größe pV/T für ein ideales Gas eine von Druck und Temperatur unabhängige Konstante. Das Volumen V verschiedener Mengen des gleichen Gases ist bei gleichem Druck und gleicher Temperatur der Masse m proportional. Also gilt

$$pV = mRT. \tag{2}$$

Die darin vorkommende Größe R ist eine für die betreffende Gasart charakteristische Konstante.

Im Jahre 1811 sprach Avogadro erstmalig als Vermutung die folgende Regel aus, die sich inzwischen als allgemein gültig erwiesen hat: Bei gleichem Druck und gleicher Temperatur befinden sich in gleichen Volumina verschiedener verdünnter Gase gleich viele Moleküle. Bei gleichem p, V und T sind demnach die Massen m verschiedener Gase ihren Molekulargewichten proportional. Die Konstante $R = \frac{pV}{mT}$ ist also umgekehrt proportional zu M. Nach den neuesten Messungen hat sie den Wert

$$R = \frac{8{,}314 \cdot 10^7}{M} \frac{\text{erg}}{\text{g} \cdot \text{Grad}} = \frac{1{,}986}{M} \frac{\text{cal}}{\text{g} \cdot \text{Grad}}. \tag{3}$$

Verwendet man als Masseneinheit das Mol $\mathsf{M} = M\,\text{g}$, so ist der Zahlenwert von R für alle Gase gleich. Da aber dann die Einheit für verschiedene Gase verschieden ist, ist trotzdem R von der Gasart abhängig. Die häufig benutzte Bezeichnung „universelle“ Gaskonstante für R ist daher irreführend.

Für theoretische Überlegungen ist es zweckmäßig, statt der Masse m die Molekülzahl N der betrachteten Gasmenge einzuführen. Ist m_0 die Masse eines Moleküls, so ist $m = Nm_0$. Setzt man das in (2) ein, so erhält man mit der neuen Konstanten

$$k = m_0 R \tag{4}$$

die ideale Gasgleichung in der Gestalt

$$pV = NkT. \tag{5}$$

Da m_0 dem Molekulargewicht proportional ist und R nach (3) umgekehrt proportional zu M, ist k eine von der Gasart unabhängige universelle Konstante. Man bezeichnet sie als die Boltzmannschen Konstante. Sie hat den Wert

$$k = 1{,}380 \cdot 10^{-16}\ \text{erg/Grad}. \tag{6}$$

In (5) kommt nichts mehr vor, was von den Eigenschaften der Moleküle des betrachteten Gases abhängt. Daher ist anzunehmen, daß diese Gleichung auch für Gasgemische gilt. Das hat sich als richtig erwiesen. Es ergibt sich experimentell aus dem von Dalton gefundenen Gesetz: Der Druck p eines Gemisches verdünnter Gase im Volumen V ist gleich der Summe der Drucke, die jeder Bestandteil allein in diesem Volumen bei der gleichen Temperatur ausüben würde. Diese Drucke nennt man auch die Partialdrucke. Liegen zwei Bestandteile mit den Molekülzahlen N_1 und N_2 vor, so betragen sie nach (5)

$$p_1 = \frac{N_1 kT}{V} \quad \text{und} \quad p_2 = \frac{N_2 kT}{V}. \tag{7}$$

Der Gesamtdruck beträgt daher nach dem Daltonschen Gesetz

$$p = p_1 + p_2 = (N_1 + N_2)\frac{kT}{V}. \tag{8}$$

Da die Gesamtmolekülzahl $N = N_1 + N_2$ ist, ist diese Gleichung mit der auf ein Gasgemisch angewandten Gleichung (5) identisch.

Die Molekülzahlen N in einer Gasmenge sind nur indirekt und verhältnismäßig ungenau zu bestimmen. Für makroskopische Betrachtungen kann es daher zweckmäßig sein, statt N eine zu ihr proportionale Größe zu benutzen, die rein makroskopisch bestimmt werden kann. Diese Bedingungen erfüllt die Molzahl n, welche gleich der Masse dividiert durch die Masse $\mathsf{M} = 1$ Mol dieses Gases ist:

$$\mathsf{n} = \frac{m}{\mathsf{M}}. \tag{9}$$

Da bei gleicher Molekülzahl bei verschiedenen Gasen sowohl m als auch M dem Molekulargewicht proportional ist, ist auch die Molzahl bei ihnen gleich. n unterscheidet sich von N durch einen Zahlenfaktor L, welcher gleich der Anzahl der Moleküle in einem Gas mit der Masse 1 Mol ist, also auch gleich dem Verhältnis von M zur Molekülmasse m_0:

$$\mathsf{L} = \frac{N}{\mathsf{n}} = \frac{\mathsf{M}}{m_0}. \tag{10}$$

Diese Zahl L wird meist Loschmidtsche Zahl genannt und hat den Wert

$$\mathsf{L} = 6{,}025 \cdot 10^{23}. \tag{11}$$

Mit Benutzung der neuen Konstanten

$$\mathsf{R}_0 = \mathsf{L}k = \mathsf{M}R \tag{12}$$

läßt sich dann die ideale Gasgleichung in folgender Form schreiben:

$$pV = \mathsf{n}\mathsf{R}_0 T. \tag{13}$$

Diese Gleichung ist inhaltlich mit (5) identisch und hat ebenso wie (5) den Vorteil, für beliebige Gemische verdünnter Gase zu gelten. Sie hat den Nachteil, daß sie Nebenbegriffe verwendet (vgl. § 2). Insbesondere hat die universelle Konstante

$$\mathsf{R}_0 = 1{,}986 \text{ cal/Grad}$$

die merkwürdige Eigenschaft, daß ihr Zahlenwert von der Größe der Masseneinheit 1 Gramm abhängt, obwohl ihre Dimension keine Masse enthält.

§ 4. Die Gesetze der Wärmeleitung

Bevor man vor etwa 100 Jahren erkannte, daß Wärme eine Energieform darstellt, hielt man sie im allgemeinen für einen feinverteilten Stoff, dessen Konzentration von der Temperatur abhängt. Diese Vorstellung führt manchmal zu richtigen Resultaten. Insbesondere ähneln die Gesetze, nach denen sich Temperaturunterschiede in ruhenden Körpern ausgleichen, den Gesetzen der Diffusion, welche den Ausgleich von Konzentrationsunterschieden in Lösungen beherrschen. Die Geschwindigkeit dieses Ausgleiches kann durch einen orts- und zeitabhängigen Vektor $\mathfrak{G}$, den Vektor der Wärmestromdichte, beschrieben werden. Dieser hat folgende Bedeutung: Die Wärmemenge, die im Innern eines homogenen, makroskopisch ruhenden Körpers durch eine kleine Fläche Δf in der Zeit Δt hindurchtritt, ist gleich $\Delta f \cdot \Delta t$ mal der Komponente G_n von $\mathfrak{G}$ in Richtung der Normalen auf der Oberfläche. Sie wandert in derjenigen Normalenrichtung, die mit $\mathfrak{G}$ einen spitzen Winkel bildet. Aus einem Volumen V mit der geschlossenen Oberfläche O tritt also in der Zeit Δt die Wärmemenge

$$\Delta Q = \iint\limits_{O} G_n df \cdot \Delta t \tag{1}$$

heraus. Ist diese Größe negativ, tritt also Wärmeenergie in das Volumen ein, so muß die Temperatur T im Innern zunehmen. In der kleinen Zeit Δt ändert sich die Temperatur an einer Stelle angenähert um $\Delta T = \frac{\partial T}{\partial t} \Delta t$. Dabei wurde der Differentialquotient als partielle Ableitung geschrieben, weil im allgemeinen T auch noch vom Ort abhängt. Ist δ die Dichte der betrachteten Substanz, so enthält ein kleines Volumen ΔV die Masse $\delta \Delta V$. Zu ihrer Erwärmung um ΔT muß daher nach (§ 2; 1) die Wärmemenge $c \delta \Delta V \Delta T$ zugeführt werden. Summation dieser Ausdrücke über alle Volumenelemente innerhalb O liefert die gesamte, zur Temperaturänderung notwendige Wärmezufuhr. Wenn außer durch Wärmeleitung keine Energie zugeführt wird, muß diese Summe der durch (1) gegebenen Energie ΔQ entgegengesetzt gleich sein. Nach Grenzübergang zum Volumenintegral und Division durch Δt erhält man daher

$$\iiint_V c\delta \frac{\partial T}{\partial t} dV = -\iint_O G_n df. \tag{2}$$

Das Integral auf der rechten Seite ist nach dem Gaußschen Integralsatz gleich dem Volumenintegral über div $\mathfrak{G}$. Da nach dieser Umformung die beiden Volumenintegrale für jedes Teilvolumen im Innern eines homogenen Körpers gleich sein müssen, sind die Integranden selbst gleich. Also gilt

$$c\delta \frac{\partial T}{\partial t} + \operatorname{div} \mathfrak{G} = 0. \tag{3}$$

Dieses Gesetz, welches durch (2) in integraler Form und durch (3) in differentieller Form gegeben ist, enthält die Aussage, daß Wärme, solange sie nicht aus anderen Energieformen entsteht oder in sie umgewandelt wird, ähnlich wie eine Substanz erhalten bleibt. Wenn $c\delta$ temperaturunabhängig ist, könnte man die Größe $\varrho = c\delta T$ modellmäßig als Dichte des Wärmestoffes interpretieren. Dann nimmt (3) dieselbe Gestalt an wie der Satz von der Erhaltung der Ladung in stromdurchflossenen Leitern[1]) oder der Satz von der Erhaltung der Materie bei der Diffusion.

Die Differentialgleichung, welche den Temperaturausgleich in ruhenden Körpern beschreibt, erhält man aus (3) durch Kombination mit dem weiteren Erfahrungssatz, daß die Wärmestromdichte in homogenen isotropen Körpern entgegengesetzt zum Temperaturgradienten gerichtet ist und bei nicht zu großen Temperaturdifferenzen seiner Größe proportional ist. Man kann also setzen

$$\mathfrak{G} = -\lambda \operatorname{grad} T. \tag{4}$$

Der Proportionalitätsfaktor λ heißt Wärmeleitfähigkeit und hat die Dimension Energie/Länge · Zeit · Temperatur. Einsetzen von (4) in (3) ergibt bei räumlich konstantem λ

[1]) Vgl. W. Döring, Einf. i. d. theor. Physik II: Das elektromagnetische Feld. Sammlung Göschen Bd. 77, § 14, Gl. (7).

$$\frac{\partial T}{\partial t} = -\frac{\lambda}{c\delta} \operatorname{div} \operatorname{grad} T. \tag{5}$$

Die Größe $\frac{\lambda}{c\delta}$ heißt die Temperaturleitfähigkeit.

Auf die Lösungen dieser Differentialgleichung und auf die komplizierteren Gesetze in anisotropen und inhomogenen Körpern sowie beim Vorkommen von Wärmeerzeugung aus anderen Energiequellen soll hier nicht eingegangen werden[1]).

II. Der erste Hauptsatz

§ 5. Die innere Energie

Die Überlegungen des Arztes Robert Mayer führten im Jahre 1842 zu zwei wesentlichen neuen Erkenntnissen. Die erste war die, daß Wärme eine Energieform ist. Die zweite, die man heute als den 1. Hauptsatz der Thermodynamik bezeichnet, bestand darin, daß der Energiesatz der Mechanik, welcher für die makroskopisch sichtbaren Bewegungen nicht immer gilt, uneingeschränkt gültig wird, wenn man die kinetische und potentielle Energie der unsichtbaren Wärmebewegung aller Moleküle, Atome und Atombausteine mitberücksichtigt. Diese letzteren Energieanteile nennt man die innere Energie des betrachteten Körpers. Zum Unterschied von der Wärmeenergie, die einem Körper an seiner Oberfläche infolge der Wechselwirkung mit den Atomen der angrenzenden heißeren Körper ohne sichtbare Bewegung zugeführt wird, bezeichnet man in der Thermodynamik die durch makroskopische Bewegungen und durch elektrische Felder zugeführte Energie als *Arbeit*. Den 1. Hauptsatz kann man dann in folgender Form aussprechen: *Für jeden Körper gibt es eine nur von seinen Zustandsvariablen abhängige Funktion, seine innere Energie U, deren Änderung bei irgendeiner Zustandsänderung gleich der Summe der dem Körper zugeführten Arbeit und Wärmeenergie ist.* Bezeichnet man mit ΔQ die insgesamt zugeführte Wärme und mit ΔA die zugeführte

[1]) Vgl. F. Sauter, Differentialgleichungen der Physik. Sammlung Göschen Bd. 1070.

Arbeit, so gilt bei einer Zustandsänderung von einem Zustand 1 zu einem Zustand 2:

$$U_2 - U_1 = \Delta Q + \Delta A. \tag{1}$$

Je nachdem, wie man diese Zustandsänderung durchführt, kann die Aufteilung der Energieänderung $U_2 - U_1$ in Wärme und Arbeit verschieden ausfallen. Da $U_2 - U_1$ nur von den Zustandsdaten im Anfangs- und Endzustand abhängt, ist die Summe aus ΔQ und ΔA unabhängig von dem Wege, wie man den Körper von dem einen in den anderen Zustand überführt. Durch Vergleich der Wärme- und Arbeitszufuhren auf verschiedenen Wegen lassen sich physikalische Folgerungen aus dem 1. Hauptsatz ziehen.

Man beachte, daß in (1) nur die Differenz der inneren Energien in zwei Zuständen vorkommt. Ebenso wie man in der Mechanik irgendeinem Zustand willkürlich die Energie null zuschreiben kann, darf man in der Thermodynamik irgendeinem Zustand die innere Energie $U = 0$ erteilen. Alle Folgerungen aus dem ersten Hauptsatz sind von der Wahl dieses Zustandes unabhängig.

§ 6. Die Differenz der spezifischen Wärmen eines idealen Gases

Als erstes Anwendungsbeispiel des ersten Hauptsatzes betrachten wir ein ideales Gas mit der Masse m, welches zunächst bei konstantem Druck von T_1 bis T_2 erwärmt werden soll. Wir vergleichen diesen Prozeß nachher mit einem zweiten mit gleichem Anfangs- und Endzustand, bei welchem das Gas erst bei konstanter Temperatur expandiert und dann bei konstantem Volumen erwärmt wird.

Ist die Temperaturänderung $T_2 - T_1$ genügend klein, so kann man die spezifische Wärme c_p bei konstantem Druck in diesem Temperaturintervall als konstant ansehen. Nach (§ 2; 1) beträgt dann im ersten Fall die bei der Erwärmung zuzuführende Wärmemenge

$$\Delta Q = m c_p (T_2 - T_1). \tag{1}$$

Aus der Gasgleichung (§ 3; 2) ergibt sich für die Volumenänderung bei dieser Erwärmung

$$\Delta V = V_2 - V_1 = \frac{mR}{p} (T_2 - T_1). \tag{2}$$

Infolge dieser Expansion leistet das Gas Arbeit. Befindet es sich etwa in einem Zylinder mit dem Querschnitt f (vgl. Abb. 1), so verschiebt sich dessen Kolben um die Strecke $\Delta x = \frac{\Delta V}{f}$. Die auf den Kolben wirkende Kraft $F = pf$ des

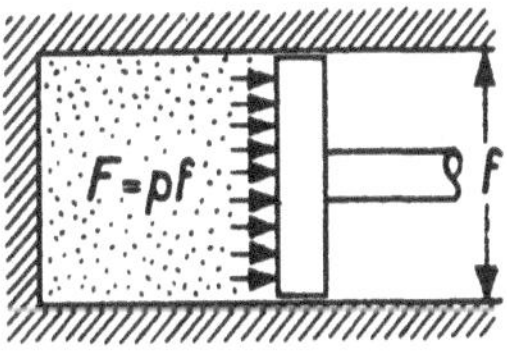

Abb. 1. Zur Arbeitsleistung eines Gases bei Expansion

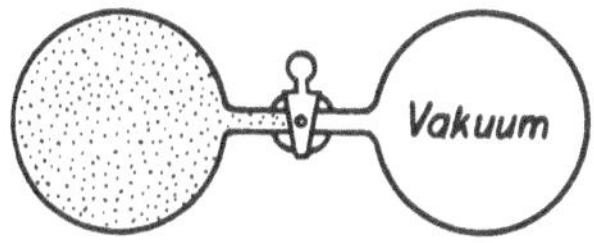

Abb. 2
Zum Versuch von Gay-Lussac

Gases leistet die Arbeit $F \cdot \Delta x$. Die dem Gas zugeführte Arbeit ist also negativ und beträgt

$$\Delta A = -F\Delta x = -pf\Delta x = -p\Delta V = -mR(T_2 - T_1). \tag{3}$$

Die Änderung der inneren Energie hat also den Wert

$$U_2 - U_1 = \Delta Q + \Delta A = m(c_p - R)(T_2 - T_1). \tag{4}$$

Im zweiten Fall wird das Gas erst bei konstanter Temperatur vom Volumen V_1 bis V_2 expandiert. Dabei ändert sich die innere Energie nicht. Das hat Gay-Lussac durch das folgende Experiment bewiesen: Das zu untersuchende Gas wird in ein thermisch isoliertes Gefäß eingeschlossen, welches durch einen Hahn mit einem zweiten, evakuierten Gefäß verbunden werden kann (vgl. Abb. 2). Nach dem Öffnen des Hahnes verteilt sich das Gas gleichmäßig auf beide Gefäße. Die Expansion erfolgt ohne Arbeitsleistung und wegen der thermischen Isolation des Gefäßes auch ohne Wärmezufuhr, also bei konstanter innerer Energie. Vorübergehend entstehen in dem Gas während der Expansion Temperaturunterschiede. Nach den Versuchen von Gay-Lussac ist aber nach Erreichen des thermischen Gleichgewichtes die Temperatur wieder die gleiche wie zu Anfang. Eine Expansion eines verdünnten Gases bei konstanter innerer Energie verläuft demnach isotherm, oder mit anderen Worten: Die innere Energie eines idealen Gases hängt bei konstanter Temperatur nicht vom Volumen ab.

Wenn man nach der isothermen Expansion das Gas bei konstantem Volumen von T_1 bis T_2 erwärmt, wird keine Arbeit geleistet. Bezeichnet man mit c_v die spezifische Wärme bei konstantem Volumen, so beträgt die Wärmezufuhr bzw. die Zunahme der inneren Energie

$$\Delta Q = U_2 - U_1 = m c_v (T_2 - T_1). \tag{5}$$

Nach dem ersten Hauptsatz sind (4) und (5) gleich. Das liefert für ein ideales Gas die Beziehung

$$c_p - c_v = R. \tag{6}$$

Die Differenz der spezifischen Wärmen bei konstantem Druck und konstantem Volumen ist bei idealen Gasen gleich der Gaskonstanten. Da man bei den üblichen Messungen die spezifischen Wärmen in der Einheit cal/g · Grad erhält, die Gaskonstante aber in mechanischem Maß, also etwa in erg/g · Grad, kann man aus dieser Beziehung den Umrechnungsfaktor von cal in erg oder m · kp ermitteln. Auf diesem Wege berechnete Robert Mayer erstmalig dieses sog. mechanische Wärmeäquivalent.

Um die verschiedenen Methoden zu erläutern, mit denen man aus den thermodynamischen Sätzen Folgerungen ziehen kann, soll nun die Beziehung (6) noch einmal auf andere Weise abgeleitet werden. Der Zustand einer homogenen Flüssigkeits- oder Gasmenge ist durch ihre Temperatur T und ihr Volumen V eindeutig gegeben. Also ist auch die innere Energie U eine Funktion von T und V allein. Ändert man V um dV und T um dT, so ist für sehr kleines dV und dT die Änderung von U gegeben durch

$$dU = \left(\frac{\partial U}{\partial V}\right)_T dV + \left(\frac{\partial U}{\partial T}\right)_V dT. \tag{7}$$

Bei den Differentialquotienten sind dabei jeweils, ähnlich wie bei den spezifischen Wärmen, diejenigen Größen als Index angefügt worden, welche bei der Ableitung konstant bleiben. Die bei der obigen Zustandsänderung zugeführte Arbeit beträgt nach (3)

$$dA = -p\,dV. \tag{8}$$

Wegen $dU = dA + dQ$ erhält man für die zugeführte Wärme demnach

$$dQ = dU - dA = \left[\left(\frac{\partial U}{\partial V}\right)_T + p\right] dV + \left(\frac{\partial U}{\partial T}\right)_V dT. \tag{9}$$

Erwärmt man bei konstantem Volumen, so gilt entsprechend der Definition (§ 2; 1)

$$(dQ)_v = mc_v\,dT, \tag{10}$$

also wegen $dV = 0$

$$mc_v = \left(\frac{\partial U}{\partial T}\right)_V. \tag{11}$$

Bei Erwärmung unter konstantem Druck ist

$$(dQ)_p = mc_p dT. \tag{12}$$

Da V durch die Zustandsgleichung als Funktion von p und T gegeben ist, gilt für $p =$ konst.

$$dV = \left(\frac{\partial V}{\partial T}\right)_p dT. \tag{13}$$

Setzt man das in (9) ein, so folgt durch Vergleich mit (12)

$$mc_p = \left[\left(\frac{\partial U}{\partial V}\right)_T + p\right]\left(\frac{\partial V}{\partial T}\right)_p + \left(\frac{\partial U}{\partial T}\right)_V \tag{14}$$

oder wegen (11)

$$c_p - c_v = \left[\left(\frac{\partial U}{\partial V}\right)_T + p\right] \cdot \frac{1}{m}\left(\frac{\partial V}{\partial T}\right)_p. \tag{15}$$

Spezialisiert man diese allgemeine Formel nun auf ein ideales Gas, so ergibt sich aus der Zustandsgleichung (§ 3; 2)

$$\left(\frac{\partial V}{\partial T}\right)_p = \frac{mR}{p}. \tag{16}$$

Der Versuch von Gay-Lussac besagt, daß beim idealen Gas

$$\left(\frac{\partial U}{\partial V}\right)_T = 0 \tag{17}$$

ist. Setzt man das in (15) ein, so erhält man wiederum (6).

Diese beiden Methoden zur Ableitung von (6) zeigen, wie verschieden man die Anwendung der thermodynamischen Gesetze gestalten kann. Die erste Methode kann stichwortartig durch das Wort „Kreisprozeß" gekennzeichnet werden. An Stelle der Betrachtung von zwei verschiedenen Prozessen mit gleichem Anfangs- und Endzustand kann man in Gedanken auch den einen Weg hin und den anderen zurück durchlaufen. Man erhält dann einen sog. Kreisprozeß, d. h. einen Prozeß, bei dem Anfangs- und Endzustand identisch sind. Bei ihm ist nach dem ersten Hauptsatz die Summe aller zugeführten Arbeiten und Wärmen gleich null. Wenn man die Gleichung (6) auf diese Weise ableitet, tritt der Begriff „innere Energie" gar nicht auf. Diese Rechenmethode kommt mit einem Minimum an formalen Hilfsmitteln aus, erscheint aber im Einzelfall manchmal etwas gekünstelt. Insbesondere ist es schwer, von vornherein zu überblicken, was für einen Kreisprozeß man durchrechnen muß, um eine bestimmte Relation zu erhalten.

Bei der zweiten Methode wird im Grunde nur die Tatsache ausgenutzt, daß es eine Zustandsfunktion „innere Energie" gibt. Aus dieser folgt durch Differenzieren das Resultat (6) in formal sehr einfacher Weise. Diese Methode hat den Nachteil, daß sie ziemlich unanschaulich ist. Wenn man sich nicht sorgfältig überlegt, ob die Größen, nach denen man differenziert, auch unabhängig voneinander thermodynamisch variiert werden können, sind leicht Fehler möglich.

Die Methode der Kreisprozesse ist vor allem durch van't Hoff und Nernst entwickelt worden; die Einführung und Ausnutzung der thermodynamischen Funktionen geht vornehmlich auf Gibbs und Planck zurück. Da in modernen thermodynamischen Überlegungen bald die eine, bald die andere Methode bevorzugt wird, muß ein Physiker die Ansätze beider Methoden beherrschen.

§ 7. Die Adiabate im idealen Gas

Zustandsänderungen ohne Wärmeaustausch mit der Umgebung bezeichnet man als adiabatisch. Bei einer homogenen Flüssigkeits- oder Gasmenge besteht bei einer adiabatischen Kompression oder Dilatation zwischen einer kleinen Volumen- und Temperaturänderung nach (§ 6; 9) wegen $dQ = 0$ der Zusammenhang

$$(dV)_{\text{adiab.}} = - \frac{\left(\frac{\partial U}{\partial T}\right)_V}{\left(\frac{\partial U}{\partial V}\right)_T + p}\, dT. \tag{1}$$

Für ein ideales Gas erhält man speziell wegen (§ 6; 11 und 17)

$$(dV)_{\text{adiab.}} = - \frac{m c_v}{p}\, dT. \tag{2}$$

Setzt man die Zustandsgleichung (§ 3; 2) und die Beziehung (§ 6; 6) ein, so erhält man nach Division durch V

$$\left(\frac{dV}{V}\right)_{\text{adiab.}} = - \frac{c_v}{c_p - c_v} \cdot \frac{dT}{T}. \tag{3}$$

Für das Verhältnis der spezifischen Wärmen führen wir die Abkürzung γ ein:

$$\frac{c_p}{c_v} = \gamma. \tag{4}$$

Wenn γ von der Temperatur unabhängig ist, ergibt sich aus (3)

$$d(\ln V^{\gamma-1}) + d(\ln T) = 0 \tag{5}$$

oder integriert

$$V^{\gamma-1} \cdot T = \text{konst.} \tag{6}$$

Nach Multiplikation mit der Konstanten pV/T folgt daraus

$$pV^{\gamma} = \text{konst.} \tag{7}$$

Der Zusammenhang (6) und (7) zwischen p, V und T bei einer adiabatischen Zustandsänderung in einem idealen Gas gilt aber nur, wenn man lauter sehr kleine Zustandsänderungen aneinander reiht und immer wieder die Einstellung des thermischen Gleichgewichts abwartet. Bei dem Versuch von Gay-Lussac (vgl. S. 17) ist diese Bedingung nicht erfüllt. Die Expansion ins Vakuum hinein verläuft auch adiabatisch, d. h. ohne Wärmezufuhr, aber für sie gilt (6) nicht. Vielmehr ist T konstant. Die oben betrachtete Zustandsänderung, bei der lauter Gleichgewichtszustände durchlaufen werden, bezeichnet man als reversibel, die beim Versuch von Gay-Lussac als irreversibel (vgl. § 9).

III. Der zweite Hauptsatz

§ 8. Die Theoreme von Clausius und Thomson

Jahrhundertelang haben sich viele Erfinder vergeblich bemüht, ein Perpetuum mobile zu bauen. Darunter versteht man eine Maschine, die Arbeit abgibt, ohne Energie in anderer Form aufzunehmen, und doch immer wieder periodisch in den Ausgangszustand zurückkehrt. Die Erfahrung, daß es eine solche Maschine nicht gibt, bildet eine starke Stütze für den ersten Hauptsatz. Das Ziel dieser Erfinder wäre aber auch ohne Verletzung des 1. Hauptsatzes erreicht, wenn es gelänge, eine Wärmekraftmaschine zu bauen, die Arbeit abgibt und nur bei einer einzigen Temperatur Wärmeenergie aus der Umgebung aufnimmt. Dann könnte man etwa den Energieinhalt der Ozeane als technische Energiequelle ausnutzen. Nach geringfügiger Abkühlung würde diese durch die Sonnenstrahlung wieder aufgefüllt und wäre daher praktisch unvorstellbar groß.

Eine solche Maschine, die man ein Perpetuum mobile 2. Art nennt, gibt es aber auch nicht. Die wirklichen Wärmekraftmaschinen benötigen das Vorhandensein einer Temperaturdifferenz. Bei einem Kohlekraftwerk wird z. B. dem Wasser bzw. Dampf bei der höheren Temperatur im Dampfkessel Wärme zugeführt. Ein Teil davon wird im Kühlwasser bei Zimmertemperatur wieder abgegeben und der Rest in Arbeit umgewandelt. Man könnte nun auf die Idee kommen, die im Dampfkessel benötigte Wärme durch eine Zusatzanlage dem Kühlwasser bei Zimmertemperatur zu entziehen und bei der höheren Temperatur an den Kessel abzuführen. Maschinen, die das leisten, gibt es. In jedem Kühlschrank wird Wärme von der tiefen Temperatur des Kühlschrankes auf die höhere Temperatur der Umgebung gepumpt. Eine solche Zusatzanlage verbraucht aber wieder mechanische oder elektrische Energie, und zwar mindestens ebensoviel, wie die Wärmekraftanlage abgibt. Zusammen wäre das also wieder kein Perpetuum mobile 2. Art.

Ähnliche Überlegungen führten Clausius im Jahr 1850 und W. Thomson, den späteren Lord Kelvin, im Jahre 1851 zu der Erkenntnis, daß hier ein weiteres, grundlegendes Naturgesetz wirksam ist. Die Aussage von Clausius lautet, in moderner Formulierung: *Es ist unmöglich, eine periodisch arbeitende Maschine zu bauen, die keinerlei Zufuhr von mechanischer oder elektrischer Energie bedarf und nur Wärme bei einer Temperatur aufnimmt und bei höherer Temperatur wieder abgibt.* Das Theorem von Thomson besagt: *Es ist unmöglich, eine periodisch arbeitende Maschine zu bauen, welche bei nur einer Temperatur aus der Umgebung Wärme aufnimmt und Arbeit abgibt.*

Als Erfahrungstatsachen betrachtet sind beide Aussagen gleichwertig. Denn unter Benutzung weiterer Erfahrungen kann man die eine auf die andere zurückführen. Die Folgerungen aus diesen Sätzen haben sich so vielfach an der Erfahrung bestätigt, daß man heute nicht mehr an ihrer Gültigkeit für makroskopische Körper zweifelt. In der statistischen Mechanik wird jedoch gezeigt, daß der Satz nicht mehr für Körper aus wenigen Atomen und Molekülen gilt und auch nicht mehr für Energiemengen, die in der Größenordnung der kinetischen Energie der Wärmebewegung eines einzelnen Atoms liegen. Da wir uns in diesem Buch nur mit der makroskopischen Thermodynamik befassen wollen, können wir hier von diesen Abweichungen absehen.

Die Gleichwertigkeit der Theoreme von Clausius und Thomson kann man am einfachsten durch einen indirekten Schluß beweisen: Angenommen, das Theorem von Thomson wäre falsch, so müßte man ein Perpetuum mobile 2. Art angeben können, welches bei der Temperatur T_2 Wärme aus der Umgebung aufnimmt und dafür Arbeit abgibt. Diese Arbeit könnte man zum Antrieb eines gebremsten Rades benutzen, durch welches diese Arbeit wieder in Wärmeenergie verwandelt wird. Dieses Rad könnte man bei der höheren Temperatur $T_1 > T_2$ arbeiten lassen. Die ganze Anlage würde dann Wärme bei der Temperatur T_2 aufnehmen und bei der höheren Temperatur T_1 abgeben, ohne Arbeit zu verbrauchen, würde also das Theorem von Clausius verletzen. Also ist der Satz von Thomson eine Folge des Satzes von Clausius.

Der umgekehrte Schluß ist ebenso einfach: Gäbe es eine Maschine, die ohne Arbeitsverbrauch Wärme bei der Temperatur T_2 aufnimmt und bei der höheren Temperatur T_1 abgibt, so könnte man daran eine der bekannten Wärmekraftmaschinen anschließen, die Wärmeenergie bei T_1 aufnimmt, einen Teil bei T_2 abgibt und den Rest in Arbeit verwandelt. Beide Maschinen zusammen würden also den Satz von Thomson verletzen. Also folgt auch der Satz von Clausius aus demjenigen von Thomson.

Beide Theoreme sind Spezialfälle des folgenden, allgemeineren Satzes: *Ein Vorgang, der in einem abgeschlossenen Körper, also ohne Zufuhr von Arbeit und Wärme, von selbst in einer Richtung abläuft, kann nur unter Arbeitsaufwand rückgängig gemacht werden.* Bei einem Vorgang in einem abgeschlossenen Körper bleibt natürlich die innere Energie konstant. Wenn dem Körper bei der Umkehrung Arbeit zugeführt wird, muß ihm dafür Wärme entzogen werden.

Ein solcher von selbst ablaufender Vorgang im abgeschlossenen Körper ist der Temperaturausgleich zwischen verschieden temperierten Teilen des Körpers durch Wärmeleitung. Wiederherstellung der Temperaturdifferenz erfordert nach Clausius einen Arbeitsaufwand. Ein anderer solcher Vorgang ist die Umwandlung von mechanischer Arbeit in Wärme. Er geschieht in jeder Taschenuhr, in der sich die potentielle Energie der Feder infolge Reibung in Wärme umwandelt. Wenn eine Taschenuhr thermisch ideal isoliert wäre, würde sie nach dem Ablaufen des Werkes wärmer sein als vorher. Die Umkehrung dieses Prozesses ohne Arbeitsaufwand könnte nur ein Perpetuum mobile 2. Art bewerkstelligen, welches es nach Thomson nicht gibt. Ein drittes Beispiel ist der Gay-Lussacsche Versuch der Expansion eines Gases ins Vakuum hinein. Will man das Gas von dem Endvolumen V_2 wieder auf das kleinere Anfangsvolumen V_1 komprimieren, so muß man die Kompressionsarbeit

$$\int dA = -\int_{V_2}^{V_1} p dV$$

aufwenden und denselben Betrag als Wärme abführen. Weitere Beispiele werden wir später betrachten.

§ 9. Der Kreisprozeß von Carnot

Im Jahre 1824 studierte S. Carnot erstmalig den nach ihm benannten Kreisprozeß, welcher aus zwei isothermen und zwei adiabatischen Teilprozessen besteht. Zuerst wird dem Körper bei der Temperatur T_1 die Wärmemenge Q_1 zugeführt. Dann folgt eine adiabatische Zustandsänderung, also eine ohne Wärmezufuhr, welche die Temperatur auf den kleineren Wert T_2 bringt. Daraufhin wird dem Körper bei konstanter Temperatur T_2 wieder eine solche Wärmemenge Q_2 entzogen, daß durch eine anschließende adiabatische Zustandsänderung der Ausgangszustand wieder erreicht wird. Ein solcher Prozeß ist offenbar nahezu bei einer Wärmekraftmaschine verwirklicht.

Mit was für einem Körper dieser Prozeß durchgeführt wird und an welchen Stellen Arbeit zu- oder abgeführt wird, ist für das folgende gleichgültig, nur wird vorausgesetzt, daß der Prozeß reversibel ist. Das bedeutet, der Prozeß muß auch in der umgekehrten Richtung mit entgegengesetzt gleichen Wärme- und Arbeitszufuhren durchlaufen werden können. Unter nicht reversiblen, also irreversiblen Prozessen versteht man, entsprechend dieser Definition, nicht etwa Prozesse, die nicht umkehrbar sind, sondern solche, bei denen bei der Umkehrung nicht dieselben Arbeits- und Wärmemengen zugeführt werden, die auf dem Hinweg abgeführt werden. Die im vorigen Paragraphen betrachteten Prozesse, die im abgeschlossenen System von selbst ablaufen, sind also nach der allgemeinen Fassung des 2. Hauptsatzes irreversibel.

Da der betrachtete Körper bei dem Carnotprozeß zum Schluß die gleiche innere Energie hat wie zu Anfang, ist die Arbeit A, die er bei dem Prozeß insgesamt abgibt, gleich der gesamten zugeführten Wärme:

$$A = Q_1 - Q_2. \tag{1}$$

Unter dem Wirkungsgrad η eines Carnotprozesses versteht man das Verhältnis

$$\eta = \frac{A}{Q_1} = \frac{Q_1 - Q_2}{Q_1}. \tag{2}$$

Diese Bezeichnung entspricht den Verhältnissen bei einer Wärmekraftmaschine, bei der A die technisch erwünschte Arbeit der Maschine und Q_1 die im Kessel aufzuwendende Wärmeenergie darstellt. Die bei der Temperatur T_2, also im Kühlwasser abgegebene Wärme Q_2 stellt einen technisch unerwünschten Verlust dar.

Aus dem zweiten Hauptsatz ergibt sich nun der folgende Satz: Alle Carnotprozesse zwischen den gleichen Temperaturen T_1 und T_2 haben den gleichen Wirkungsgrad. Der Beweis erfolgt indirekt: Eine zweite Substanz möge einen Carnotprozeß zwischen denselben Temperaturen T_1 und T_2 durchlaufen mit den Wärmemengen Q_1' und Q_2' und der Arbeit $A' = Q_1' - Q_2'$. Wenn bei ihr der Wirkungsgrad $\eta' = A'/Q_1'$ kleiner ist als bei der ersten, so kehrt man bei ihr den Prozeß um, so daß sie bei T_2 die Wärme Q_2' aufnimmt und bei T_1 die Wärme Q_1' abgibt und außerdem die Arbeit A' verbraucht. Durch geeignete Wahl der umlaufenden Substanzmenge macht man außerdem $Q_1' = Q_1$, so daß die von der ersten Substanz bei T_1 aufgenommene Wärme gerade von der zweiten abgegeben wird. Ist $\eta' < \eta$, so ist $A' < A$. Die zweite Substanz verbraucht also weniger Arbeit als die erste abgibt. Beide Substanzen zusammen geben daher bei einmaligem Durchlaufen des Prozesses die Arbeit $A - A'$ ab und nehmen dafür bei der Temperatur T_2 die ebenso große Wärme $Q_2' - Q_2$ auf, bilden also zusammen ein Perpetuum mobile 2. Art. Also kann nicht $\eta' < \eta$ sein. Ist $\eta' > \eta$, so läßt man beide Substanzen den Carnotprozeß umgekehrt durchlaufen und erhält wieder einen Widerspruch zum Thomsonschen Theorem. Also ist $\eta' = \eta$: Der Wirkungsgrad ist eine von der benutzten Substanz unabhängige Funktion der beiden Temperaturen T_1 und T_2 allein.

Wir berechnen nun diese universelle Funktion mit Hilfe eines Carnotprozesses an einem idealen Gas. Der erste Teilprozeß ist eine isotherme Expansion bei der Temperatur T_1 vom Volumen V_1 bis zum Volumen V_2. Dabei wird die Arbeit

$$A_1 = \int_{V_1}^{V_2} p dV = mRT_1 \int_{V_1}^{V_2} \frac{dV}{V} = mRT_1 \ln \frac{V_2}{V_1} \tag{3}$$

abgegeben. Da die innere Energie eines idealen Gases unabhängig vom Volumen ist, muß die dabei zugeführte Wärme ebenso groß sein:

$$Q_1 = mRT_1 \ln \frac{V_2}{V_1}. \tag{4}$$

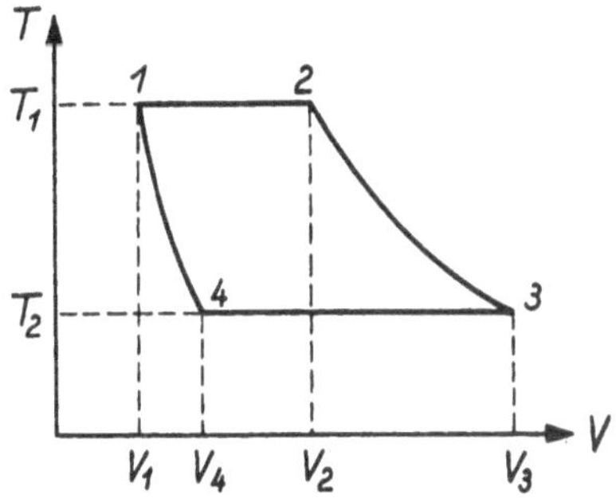

Abb. 3. Die Temperatur in Abhängigkeit vom Volumen bei einem Carnotprozeß (schematisch)

Für die anschließende adiabatische Expansion, welche von der Temperatur T_1 zur Temperatur T_2 führt bzw. vom Volumen V_2 zum Volumen V_3, ergibt sich aus (§ 7; 6)

$$T_1 V_2^{\gamma-1} = T_2 V_3^{\gamma-1}. \tag{5}$$

Nun folgt eine isotherme Kompression bis zum Volumen V (vgl. Abb. 3). Für die dabei abgegebene Wärme erhält man analog zu (4)

$$Q_2 = mRT_2 \ln V_3/V_4. \tag{6}$$

Da die folgende adiabatische Kompression zum Ausgangszustand mit den Daten T_1, V_1 zurückführt, gilt

$$T_1 V_1^{\gamma-1} = T_2 V_4^{\gamma-1}. \tag{7}$$

Division von (5) und (7) liefert

$$\frac{V_2}{V_1} = \frac{V_3}{V_4}. \tag{8}$$

Division von (4) und (6) ergibt daher

$$\frac{Q_1}{Q_2} = \frac{T_1}{T_2}. \tag{9}$$

Daraus folgt

$$\eta = \frac{Q_1 - Q_2}{Q_1} = \frac{T_1 - T_2}{T_1}. \tag{10}$$

Das ist wohl die wichtigste Formel, die aus dem 2. Hauptsatz folgt.

§ 10. Die thermodynamische Definition der Temperatur

Den Begriff Temperatur haben wir bisher durch die folgenden Vorschriften definiert: 1. Die Temperatur ist eine Zustandsgröße, die bei verschiedenen Körpern im thermischen Gleichgewicht gleich ist. 2. Das Verhältnis der Temperaturen zweier Körper ist gleich dem Verhältnis der Volumina derselben Menge eines verdünnten Gases beim gleichen Druck im thermischen Gleichgewicht mit den beiden Körpern.

Diese Definition hat den Nachteil, daß in ihr eine spezielle thermometrische Substanz, das verdünnte Gas, vorkommt. Bei sehr tiefen Temperaturen, bei denen alle Gase kondensieren, läßt sich die derartig definierte Temperatur meßtechnisch gar nicht mehr feststellen. Der zweite Hauptsatz gestattet es, diesen Mangel zu beseitigen, indem man die zweite der obigen Festsetzungen durch die folgende ersetzt: Das Verhältnis der Temperaturen zweier Körper K_1 und K_2 ist gleich eins minus dem Wirkungsgrad η eines Carnotprozesses, bei welchem ein Wärmeaustausch nur mit den beiden Körpern K_1 und K_2 stattfindet. Nach (§ 9; 10) ist diese Größe gerade gleich T_2/T_1.

Wenn man so vorgeht, muß man sich natürlich erst davon überzeugen, ob diese neue Definition nicht mit der obigen ersten Definition im Widerspruch steht, ob also die Größe $1 - \eta$ gleich dem Verhältnis von zwei Zustandsgrößen der beiden Körper K_1 und K_2 ist. Wir stellen uns also auf den Standpunkt, wir hätten den Begriff Temperatur noch nicht vollständig erklärt, sondern außer der obigen ersten Definition nur vereinbart, daß bei einem Wärmeaustausch durch Wärmeleitung stets demjenigen Körper, der Wärme abgibt, die höhere Temperatur zugeschrieben werden soll. Dann kann man den zweiten Hauptsatz bereits so wie vorn angegeben formulieren und aus ihm ableiten, daß der Wirkungsgrad η_{12} jedes Carnotprozesses mit einer beliebigen Substanz, die nur mit den Körpern K_1 und K_2 in Wärmeaustausch tritt, der gleiche ist. Sind Q_1 und Q_2 die dabei ausgetauschten Wärmen, so ist also

$$1 - \eta_{12} = \frac{Q_2}{Q_1} \tag{1}$$

nur eine Funktion der Eigenschaften der beiden Körper K_1 und K_2. Die Gesamtheit der Zustandsgrößen von K_1 und K_2, auf die es dabei ankommt, wollen wir symbolisch durch ϑ_1 und ϑ_2 zusammenfassen und schreiben:

$$1 - \eta_{12} = \frac{Q_2}{Q_1} = F(\vartheta_1, \vartheta_2). \tag{2}$$

Nun nehmen wir einen dritten Körper K_3 hinzu und führen einen zweiten Carnotprozeß durch, bei welchem mit K_2 und K_3 wie Wärmemengen Q_2' und Q_3 ausgetauscht werden. Für dessen Wirkungsgrad η_{23} gilt entsprechend

$$1 - \eta_{23} = \frac{Q_3}{Q_2'} = F(\vartheta_2, \vartheta_3). \tag{3}$$

Wenn man nun diesen zweiten Carnotprozeß so gestaltet, daß die beim zweiten Prozeß dem Körper K_2 entzogene Wärme Q_2' gleich ist der Wärme Q_2, die beim ersten an K_2 abgegeben wird, also $Q_2' = Q_2$, dann bilden beide Carnotprozesse zusammen wiederum einen Carnotprozeß, bei welchem nur mit K_1 und K_3 Wärme ausgetauscht wird. Für dessen Wirkungsgrad gilt

$$1 - \eta_{13} = \frac{Q_3}{Q_1} = F(\vartheta_1, \vartheta_3). \tag{4}$$

Division von (4) und (3) liefert die Beziehung

$$F(\vartheta_1, \vartheta_2) = \frac{Q_2}{Q_1} = \frac{Q_3}{Q_1} \cdot \frac{Q_2'}{Q_3} = \frac{F(\vartheta_1, \vartheta_3)}{F(\vartheta_2, \vartheta_3)}. \tag{5}$$

Diese Gleichung besagt: Die Funktion $F(\vartheta_1, \vartheta_2)$ ist so beschaffen, daß sich in dem Quotienten auf der rechten Seite von (5) die Zustandsdaten ϑ_3 des Körpers K_3 herausheben. $F(\vartheta_1, \vartheta_2)$ ist also gleich dem Quotient zweier Größen, von denen die eine nur von den Eigenschaften von K_1, die andere nur von denen von K_2 abhängt, was zu beweisen war.

Wenn man in der geschilderten Weise das Verhältnis der Temperaturen zweier Körper mit Hilfe des Wirkungsgrades eines Carnotprozesses zwischen ihnen definiert, ist die Gleichung (§ 9; 10) eine Folge der Temperaturdefinition. Die in § 9 durchgeführte Berechnung des Wirkungsgrades eines Carnotprozesses bedeutet dann keinen Beweis dieser Formel mehr, sondern enthält den Nachweis, daß die mit Hilfe eines idealen Gases definierte absolute Temperatur mit der durch den zweiten Hauptsatz definierten Temperatur identisch ist.

§ 11. Die Volumenabhängigkeit der inneren Energie

Das ideale Gas ist durch zwei Eigenschaften ausgezeichnet, nämlich erstens durch die Zustandsgleichung

$$pV = mRT \tag{1}$$

und zweitens dadurch, daß seine innere Energie U nicht vom Volumen, sondern nur von der Temperatur abhängt. Wir wollen jetzt zeigen, daß die erste Eigenschaft die zweite bedingt. Nach dem 2. Hauptsatz ist nämlich die Abhängigkeit der inneren Energie vom Volumen durch die Zustandsgleichung bereits völlig gegeben.

Wir beweisen das mit der Methode der „Kreisprozesse" (vgl. S. 20). Wir betrachten eine beliebige Substanz, deren Zustand durch ihr Volumen V und ihre Temperatur T eindeutig bestimmt ist, und berechnen für sie den Wirkungsgrad eines Carnotprozesses zwischen den Temperaturen $T + \Delta T$ und T. Nachher soll der Grenzübergang $\Delta T \to 0$ vollzogen werden. Deshalb vernachlässigen wir gleich alle Größen, die proportional zur zweiten oder einer höheren Potenz von ΔT sind. Der erste Teilprozeß des Carnotprozesses ist eine isotherme Expansion vom Volumen V_1 bis V_2. Bei einer isothermen Vergrößerung des Volumens um dV wächst die innere Energie um $\left(\frac{\partial U}{\partial V}\right)_T dV$. Zugleich wird dabei die Arbeit pdV abgegeben. Beide Energien zusammen müssen gleich der zugeführten Wärme dQ sein. Die beim ersten Teilprozeß zugeführte Wärme Q_1 beträgt daher

$$Q_1 = \int_{V_1}^{V_2} \left[\left(\frac{\partial U}{\partial V}\right)_T + p\right] dV. \tag{2}$$

Im Integranden ist dabei für die Temperatur der feste Wert $T + \Delta T$ einzusetzen.

Trägt man den Druck beim Durchlaufen des Kreisprozesses als Funktion von V auf (vgl. Abb. 4), so ist die abgegebene Arbeit

$$A = \int_{\text{Kreisprozeß}} pdV \tag{3}$$

durch die von der Kurve umschlossene Fläche gegeben. Bei sehr kleiner Temperaturdifferenz ΔT sind die Volumendifferenzen $V_3 - V_2$ und $V_1 - V_4$ auf den Adiabaten

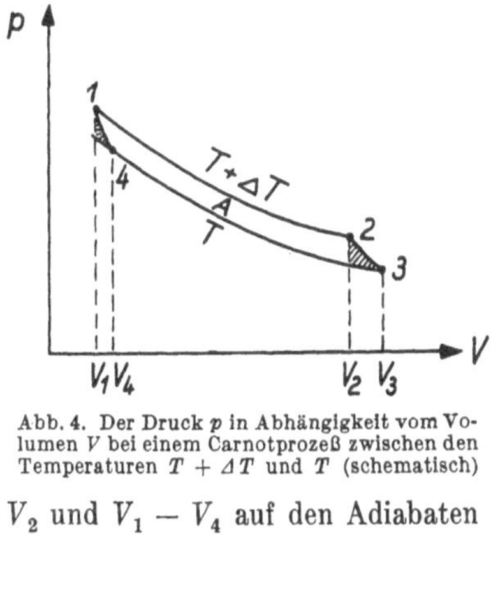

Abb. 4. Der Druck p in Abhängigkeit vom Volumen V bei einem Carnotprozeß zwischen den Temperaturen $T + \Delta T$ und T (schematisch)

auch klein. Wenn man daher vom Volumen V_2 auf der Isothermen mit der Temperatur $T + \Delta T$ nicht längs der Adiabaten, sondern längs einer Kurve konstanten Volumens auf die Isotherme mit der Temperatur T heruntergeht, wird von der zu berechnenden Fläche A ein Stück abgeschnitten (in Abb. 4 schraffiert), welches angenähert proportional $(\Delta T)^2$ ist und daher vernachlässigt werden kann. Genauso kann man die Adiabate von V_4 nach V_1 angenähert durch die Kurve konstanten Volumens $V = V_1$ ersetzen. Zu der Fläche A kommt dann das in Abb. 4 punktierte kleine Flächenstück hinzu, welches auch angenähert proportional $(\Delta T)^2$ ist. Bis auf Fehler der Größenordnung $(\Delta T)^2$ erhält man daher

$$A = \int_{V_1}^{V_2} [p(T + \Delta T) - p(T)]\, dV = \int_{V_1}^{V_2} \left(\frac{\partial p}{\partial T}\right)_V dV \cdot \Delta T. \quad (4)$$

Nach (§ 9; 10) gilt nun, bis auf Glieder prop. $(\Delta T)^2$

$$\eta = \frac{A}{Q_1} = \frac{\Delta T}{T}. \quad (5)$$

Nach Multiplikation mit $T \cdot Q_1$ und Einsetzen von (2) und (4) erhält man daraus

$$T \int_{V_1}^{V_2} \left(\frac{\partial p}{\partial T}\right)_V dV \cdot \Delta T = \Delta T \cdot \int_{V_1}^{V_2} \left[\left(\frac{\partial U}{\partial V}\right)_T + p\right] dV. \quad (6)$$

Nun kann man durch ΔT dividieren und den Grenzübergang $\Delta T \to 0$ durchführen. Dadurch wird die bisher angenähert gültige Gleichung exakt richtig. Schreibt man dann noch auf der linken Seite T unters Integral, so ergibt sich die Gleichheit zweier Volumenintegrale mit denselben Grenzen. Da diese für alle Werte der Integrationsgrenzen übereinstimmen, müssen die Integranden selbst für alle Volumina gleich sein. Daraus folgt

$$\left(\frac{\partial U}{\partial V}\right)_T = T \left(\frac{\partial p}{\partial T}\right)_V - p. \quad (7)$$

Bei einem idealen Gas ist nach (1) der Druck bei konstantem Volumen zu T proportional, also

$$T\left(\frac{\partial p}{\partial T}\right)_V = p. \tag{8}$$

Für diesen Fall folgt aus (7), daß die innere Energie von V unabhängig ist.

Die wirklichen Gase weichen von dem durch die ideale Gasgleichung gegebenen Verhalten um so stärker ab, je größer die Dichte und je kleiner die Temperatur ist. Qualitativ werden diese Abweichungen durch die van der Waalsche Zustandsgleichung wiedergegeben:

$$\left(p + \frac{a}{v^2}\right)(v - b) = RT. \tag{9}$$

In ihr bedeutet $v = V/m$ das spezifische Volumen bzw. die reziproke Dichte. a und b sind zwei Konstanten. Aus der Ableitung dieser Zustandsgleichung in der kinetischen Gastheorie ergibt sich, daß die Konstante b ein Maß für die Ausdehnung der Moleküle ist und a von den anziehenden Kräften zwischen den Molekülen herrührt. Löst man (9) nach p auf, differenziert nach T und setzt das Resultat in (7) ein, so erhält man

$$\left(\frac{\partial U}{\partial V}\right)_T = \frac{a}{v^2}. \tag{10}$$

In einem Gas, welches der van der Waalschen Zustandsgleichung genügt, nimmt also die innere Energie mit wachsendem Volumen zu. Das ist anschaulich verständlich. Bei der Expansion wächst der mittlere Abstand der Moleküle und daher auch die potentielle Energie der anziehenden Kräfte zwischen den Molekülen. Von dem Eigenvolumen der Moleküle, also von b, hängt die innere Energie nicht ab.

Als weitere Anwendung der Beziehung (7) wollen wir den Unterschied zwischen c_p und c_v für einen festen Körper berechnen. Setzt man (7) in die allgemein gültige Gleichung (§ 6; 15) ein, so ergibt sich zunächst

$$c_p - c_v = \frac{T}{m}\left(\frac{\partial p}{\partial T}\right)_V \left(\frac{\partial V}{\partial T}\right)_p. \tag{11}$$

Betrachtet man V als Funktion von p und T, so gilt allgemein

$$dV = \left(\frac{\partial V}{\partial p}\right)_T dp + \left(\frac{\partial V}{\partial T}\right)_p dT. \tag{12}$$

Für die Ableitung des Druckes nach der Temperatur bei festem Volumen, also $dV = 0$, erhält man daraus

$$\left(\frac{\partial p}{\partial T}\right)_V = -\frac{(\partial V/\partial T)_p}{(\partial V/\partial p)_T}. \tag{13}$$

Daher folgt aus (11)

$$c_p - c_v = -\frac{T}{m} \cdot \frac{\left(\frac{\partial V}{\partial T}\right)_p^2}{\left(\frac{\partial V}{\partial p}\right)_T}. \tag{14}$$

Diese Beziehung gilt für alle homogenen Körper. Bezeichnet man mit V_0 das Volumen beim Eispunkt, so ist

$$\frac{1}{V_0}\left(\frac{\partial V}{\partial T}\right)_p = \beta \tag{15}$$

der thermische Volumenausdehnungskoeffizient und

$$-\frac{1}{V_0}\left(\frac{\partial V}{\partial p}\right)_T = \varkappa \tag{16}$$

die Kompressibilität. In nicht zu großen Bereichen des Druckes und der Temperatur sind diese Größen bei festen Körpern konstant. Da $m/V_0 = \delta_0$ die Dichte bei 0° Cels. ist, folgt aus (14)

$$c_p - c_v = \frac{T\beta^2}{\delta_0 \varkappa}. \tag{17}$$

Zahlenmäßig ergibt sich daraus, daß bei festen Körpern und auch bei den meisten Flüssigkeiten die Differenz zwischen den spezifischen Wärmen klein im Vergleich zum Wert der spezifischen Wärme selbst ist.

§ 12. Die Clausius-Clapeyronsche Gleichung

Die Gleichung (§ 11; 7) gilt für jeden Körper, dessen Zustand durch das Volumen V und die Temperatur T vollständig bestimmt ist. Wir wollen sie jetzt auf einen Körper anwenden, der aus zwei getrennten Phasen 1 und 2 im Gleichgewicht besteht, also z. B. auf eine Flüssigkeit im Gleichgewicht mit ihrem Dampf. In diesem Fall ist der Druck nur noch von der Temperatur, nicht mehr vom Volumen abhängig und wird als Dampfdruck bezeichnet. Bei gegebener Temperatur und kleinerem Druck als dem Dampfdruck verdampft die Flüssigkeit vollständig; bei höherem Druck geht der ganze Dampf in Flüssigkeit über. Bezeichnet man mit v'' und v' die spezifischen Volumina von Flüssigkeit und Dampf und mit m'' und m' ihre Massen, so beträgt das Gesamtvolumen des Körpers

$$V = m'v' + m''v''. \tag{1}$$

Bei einer Vergrößerung von V um ΔV bei konstanter Temperatur verdampft eine gewisse Flüssigkeitsmenge, so daß p und damit auch v' und v'' konstant bleiben. m'' nimmt also um einen gewissen Betrag Δm ab und m' um denselben Betrag zu. Daher gilt

$$\Delta V = \Delta m(v' - v''). \tag{2}$$

Die spezifische Verdampfungswärme, d. h. die bei dieser Verdampfung zuzuführende Wärme dividiert durch die Masse Δm der verdampften Flüssigkeit, wollen wir mit l bezeichnen. Da bei der Verdampfung die Arbeit $p\Delta V$ an die Umgebung abgegeben wird, beträgt die Zunahme der inneren Energie dabei

$$\Delta U = l\Delta m - p\Delta V. \tag{3}$$

Division von (3) und (2) liefert

$$\left(\frac{\partial U}{\partial V}\right)_T = \frac{\Delta U}{\Delta V} = \frac{l}{v' - v''} - p. \tag{4}$$

Setzt man das in (§ 11; 7) ein, so erhält man für den Differentialquotienten des Dampfdruckes nach der Temperatur

$$\frac{dp}{dT} = \frac{l}{T(v' - v'')}. \tag{5}$$

Diese Beziehung wurde erstmalig von Clapeyron angegeben und später von Clausius einwandfrei aus dem zweiten Hauptsatz abgeleitet.

Wenn die Verdampfungswärme in Abhängigkeit von der Temperatur bekannt ist, liefert die Clausius-Clapeyronsche Gleichung die Temperaturabhängigkeit des Dampfdruckes. Sie gilt aber nicht nur für das Verdampfen, sondern auch für den Schmelzvorgang. Dann muß man nur v' durch das spez. Volumen v'' der Flüssigkeit und v'' durch das spez. Volumen v der festen Phase ersetzen. Unter l ist dann die spezifische Schmelzwärme zu verstehen. Meist gibt man in diesem Fall den reziproken Differentialquotienten, die Ableitung der Schmelztemperatur nach dem Druck an:

$$\frac{dT}{dp} = \frac{T(v'' - v)}{l}. \tag{6}$$

Wenn beim Schmelzen das Volumen zunimmt, $v'' > v$, nimmt die Schmelztemperatur mit wachsendem Druck zu. Beim Wasser ist es bei kleinen Drucken umgekehrt. Die Dichte des Eises ist geringer als die des Wassers, $v'' < v$. Daher sinkt die Schmelztemperatur mit wachsendem Druck.

IV. Die thermodynamischen Funktionen

§ 13. Die Entropie

Wir wollen jetzt eine andere Formulierung des 2. Hauptsatzes kennenlernen, welche der in § 5 gegebenen Formulierung des 1. Hauptsatzes sehr ähnlich ist. Sie behauptet die Existenz einer neuen Zustandsfunktion, der Entropie. Dieser Begriff wurde im Jahre 1865 durch Clausius eingeführt.

Von jetzt ab wollen wir die Arbeits- und Wärmemengen stets dann als positiv rechnen, wenn sie dem betrachteten Körper zugeführt werden, die abgeführten Arbeits- und Wärmemengen dagegen negativ. Aus dem 2. Hauptsatz ergibt sich dann der folgende Satz: *Bei einem reversibel durchlaufenen Kreisprozeß verschwindet die Summe über die zugeführten Wärmemengen dividiert durch die jeweilige absolute Temperatur.* Ist also dQ die bei einer kleinen Zustandsänderung zugeführte Wärme, so gilt

$$\oint \frac{dQ}{T} = 0 . \tag{1}$$

Reversibel durchlaufener Kreisprozeß

Die Bedingung, daß der Kreisprozeß reversibel durchlaufen wird, enthält die Forderung, daß in jedem Augenblick alle Teile des betrachteten Körpers im thermischen Gleichgewicht sind und daher die gleiche Temperatur haben. Körper, die aus mehreren, gegeneinander thermisch isolierten Teilen bestehen, werden zunächst aus der Betrachtung ausgeschlossen.

Für einen Carnotprozeß ist die Behauptung (1) offenbar richtig. Bei ihm wird bei der Temperatur T_1 die Wärme Q_1 zugeführt und bei der Temperatur T_2 die Wärme $-Q_2$. Bei anderen Temperaturen findet kein Wärmeaustausch mit der Umgebung statt. Nach (§ 9; 10) ist aber

$$\frac{Q_1}{T_1} + \frac{-Q_2}{T_2} = 0 , \tag{2}$$

und das ist in diesem speziellen Falle gerade mit der obigen Behauptung identisch. Die Richtigkeit des Satzes für einen beliebigen Kreisprozeß beweist man, indem man ihn als Überlagerung vieler Carnotprozesse darstellt.

Wir wollen das im folgenden nur für einen Körper durchführen, dessen Zustand außer durch die Temperatur T nur durch eine weitere Zustandsvariable, etwa das Volumen V, eindeutig gegeben ist. Die Übertragung auf kompliziertere Körper mit mehr Zustandsvariablen ist dann eine triviale Verallgemeinerung. Man kann in diesem einfachen Fall den Zustand des betrachteten Körpers durch einen Punkt in der T-V-Ebene darstellen, den ganzen Kreisprozeß also durch eine geschlossene Kurve K (vgl. Abb. 5). Im allgemeineren Fall tritt an die Stelle einer Kurve in einer Zustandsebene eine Raumkurve. Wir denken uns nun in der T-V-Ebene zahlreiche reversible Adiabaten gezeichnet, d. h. Kurven, die den Zusammenhang zwischen T und V bei einer reversiblen Zustandsänderung ohne Wärmeaustausch mit der Umgebung darstellen. Durch die Schnittpunkte dieser Adiabaten mit K zeichnen wir Stücke von Isothermen bis zur nächsten Adiabaten und erhalten auf diese Weise eine aus Adiabaten- und Isothermenstücken zusammengesetzte

Zickzackkurve, bei der jeder zweite Eckpunkt auf der Kurve K liegt.

Die Differenz der Integrale $\int \frac{dQ}{T}$ über die Kurve K und über die Zickzackkurve geht beim Grenzübergang zu Zickzackkurven mit unbegrenzt wachsender Zahl von Eckpunkten auf K und dementsprechend abnehmender Länge der Adiabaten- und Isothermenstücke gegen null.

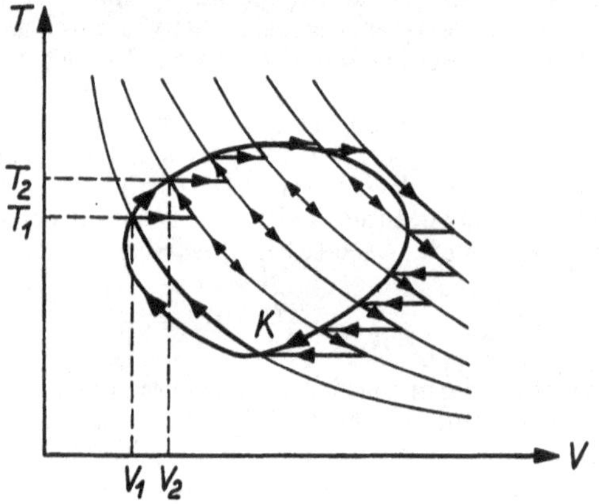

Abb. 5. Ein Kreisprozeß, dargestellt in der T-V-Ebene, und sein Ersatz durch eine Zickzackkurve aus Isothermen und Adiabatenstücken (schematisch)

Das folgt aus der Tatsache, daß die bei einer kleinen Zustandsänderung zuzuführende Wärme dQ und daher auch $\frac{dQ}{T}$ durch einen Ausdruck der folgenden Gestalt gegeben ist (vgl. § 6; 9):

$$\frac{dQ}{T} = \alpha(T, V)\, dV + \beta(T, V)\, dT. \tag{3}$$

Bestimmt man nun das Integral über $\frac{dQ}{T}$ von einem Eckpunkt mit den Zustandsdaten T_1, V_1 zum nächsten mit den Daten $T_2 = T_1 + \Delta T$, $V_2 = V_1 + \Delta V$, so kann man die Koeffizienten α und β in (3) an der Stelle T_1, V_1 nach Taylor entwickeln. Die ersten Glieder der Reihe lauten

$$\begin{aligned}\frac{dQ}{T} = &\left[\alpha(T_1, V_1) + \left(\frac{\partial\alpha}{\partial T}\right)_1 (T - T_1) + \left(\frac{\partial\alpha}{\partial V}\right)_1 (V - V_1) + \cdots\right] dV \\ &+ \left[\alpha(T_1, V_1) + \left(\frac{\partial\beta}{\partial T}\right)_1 (T - T_1) + \left(\frac{\partial\beta}{\partial V}\right)_1 (V - V_1) + \cdots\right] dT.\end{aligned} \tag{4}$$

Der Index 1 an den Differentialquotienten soll dabei andeuten, daß nach Ausführung der Differentiation die Zustandsdaten T_1, V_1 einzusetzen sind. Bei der folgenden Integration sind diese Größen also Konstanten. Daher erhält man

$$\begin{aligned}\int\limits_{T_1, V_1}^{T_2, V_2} \frac{dQ}{T} = &\ \alpha(T_1, V_1)\Delta V + \beta(T_1, V_1)\,\Delta T + \left(\frac{\partial\alpha}{\partial V}\right)_1 \frac{(\Delta V)^2}{2} \\ &+ \left(\frac{\partial\beta}{\partial T}\right)_1 \frac{(\Delta T)^2}{2} + \left(\frac{\partial\alpha}{\partial T}\right)_1 \int\limits_{T_1, V_1}^{T_2, V_2} (T - T_1)\, dV \\ &+ \left(\frac{\partial\beta}{\partial V}\right)_1 \int\limits_{T_1, V_1}^{T_2, V_2} (V - V_1)\, dT + \cdots\end{aligned} \tag{5}$$

Die beiden nicht ausgeführten Integrale hängen von dem Weg zwischen den Integrationsgrenzen ab. Durchläuft man z. B. erst die Isotherme $T = T_1$ bis zum Volumen V_2 und dann die Kurve $V = V_2$, so erhält man

$$\int\limits_{T_1, V_1}^{T_2, V_2} (T - T_1)\, dV = 0.$$

(erst T = konst., dann V = konst.)

Läßt man erst bei festem Volumen die Temperatur bis T_2 anwachsen und dann das Volumen von V_1 bis V_2, so ergibt sich

$$\int\limits_{T_1, V_1}^{T_2, V_2} (T - T_1)\, dV = \Delta T \cdot \Delta V.$$

(Erst V = konst., dann T = konst.)

Auf anderen Wegen ergeben sich andere Vielfache von $\Delta T \Delta V$. Die Differenz der Integrale über $\frac{dQ}{T}$ längs K und längs der Zickzackkurve von T_1, V_1 bis T_2, V_2 ist demnach gleich einem Faktor M mal $\Delta T \Delta V$ plus Glieder mit höheren Potenzen von ΔT und

ΔV. Ist n gleich der Anzahl der auf K liegenden Ecken der Zickzackkurve (in Abb. 5 ist $n = 10$), so gilt daher:

$$\int\limits_K \frac{dQ}{T} - \int\limits_{\text{Zickzackkurve}} \frac{dQ}{T} \leqq n(M\,\Delta T\,\Delta V)_{\max} + \text{Glieder mit höheren Potenzen von } \Delta T \text{ und } \Delta V.$$

Verdoppelt man nun die Zahl n der Eckpunkte, indem man zwischen zwei Adiabaten immer noch eine weitere einfügt, so werden die Differenzen ΔT und ΔV der Einzelschritte je etwa halb so groß. Bei Verdopplung von n wird also $n(M\,\Delta T\,\Delta V)_{\max}$ etwa halb so groß. Bei unbegrenzter Verfeinerung der Unterteilung geht die obige Differenz der Integrale gegen null.

Man beachte, daß das wesentlich an der Gestalt (3) des Differentials $\frac{dQ}{T}$ liegt. Wenn man die Differenz der Bogenlängen zweier analoger Kurven in einer x-y-Ebene berechnet, also ein Integral über ein Differential der Gestalt $ds = \sqrt{(dx)^2 + (dy)^2}$, würden die beiden Integrale über einen Teilschritt sich um einen Faktor unterscheiden, nicht wie in (5) um einen Summanden, der bei einer Verkleinerung der Intervallgröße mit einer höheren als der ersten Potenz der Intervallgröße gegen null geht.

Zu dem Integral über die Zickzackkurve fügen wir nun die Integrale über die Adiabatenstücke zwischen zwei Eckpunkten der Zickzackkurve im Innern von K hinzu, und zwar jedes zweimal mit entgegengesetzter Integrationsrichtung. Dadurch ändert sich das Integral nicht, weil auf diesen Adiabaten $dQ = 0$ ist. Dann stellt aber, wie man in Abb. 5 unmittelbar sieht, das Integral über die Zickzackkurve eine Überlagerung von lauter Integralen über reversible Carnotprozesse dar und verschwindet daher. Für das Integral über K gilt das gleiche, weil ihre Differenz im Limes unbegrenzter Verfeinerung der Unterteilung verschwindet.

Da das Integral über $\frac{dQ}{T}$ für einen reversiblen Kreisprozeß verschwindet, muß es für alle reversibel durchlaufenen Wege von einem Zustandspunkt mit den Daten T_0, V_0 zu einem Punkt mit den Daten T, V denselben Wert haben. Denn wenn es auf einem Wege 1 den Wert I_1 hätte, auf einem Weg 2 aber den davon verschiedenen Wert I_2, so könnte man einen Kreisprozeß durchlaufen, der vom Punkt mit den Daten T_0, V_0 längs des ersten Weges zum Punkt mit T, V führt und auf dem zweiten Wege zurück. Da sich bei reversiblen Prozessen bei Umkehr der Änderungsrichtung das Vorzeichen des Integrals auch umkehrt, wäre dann das Integral über diesen Kreisprozeß gleich $I_1 - I_2$, also nicht null. Hält man also den Anfangspunkt T_0, V_0 ein für allemal fest, so ist das Integral

$$S(T, V) = \int_{T_0, V_0}^{T, V} \frac{dQ}{T} \tag{6}$$

über einen reversibel durchlaufenen Weg nur von den Zustandsdaten des Endpunktes abhängig, ist also eine Zustandsfunktion, und diese nennt man die Entropie. Analog zu der Aussage in § 5 können wir also feststellen: *Für jeden Körper gibt es eine nur von seinen Zustandsvariablen abhängige Funktion, seine Entropie S, deren Änderung bei einer reversibel durchlaufenen Zustandsänderung zwischen zwei Zuständen 1 und 2 gleich dem Integral über die zugeführte Wärmemenge dividiert durch die jeweilige absolute Temperatur des Körpers ist:*

$$S_2 - S_1 = \int_{T_1, V_1}^{T_2, V_2} \frac{dQ}{T}\,. \tag{7}$$

Als Beispiel dafür, wie man diesen Satz ausnutzen kann, beweisen wir die Beziehung (§ 11; 7) noch einmal. Wir gehen aus von der Gleichung (§ 6; 9) für die Wärme, die man einem durch die Zustandsdaten T und V vollständig beschriebenen Körper bei einer kleinen Zustandsänderung zuführen muß. Division dieser Gleichung durch T liefert für die Änderung der Zustandsfunktion S

$$\begin{aligned} dS = \frac{dQ}{T} &= \frac{1}{T}\left[\frac{\partial U}{\partial V} + p\right] dV + \frac{1}{T}\frac{\partial U}{\partial T}\, dT \\ &= \frac{\partial S}{\partial V}\, dV + \frac{\partial S}{\partial T}\, dT\,. \end{aligned} \tag{8}$$

Der Einfachheit halber wurden hier die bei der Differentation konstant zu haltenden Größen nicht angemerkt. Alle Größen sind als Funktionen von V und T aufzufassen. (8) gilt für alle dV und dT; daher folgt durch Koeffizientenvergleich

$$\frac{\partial S}{\partial V} = \frac{1}{T}\left[\frac{\partial U}{\partial V} + p\right], \quad \frac{\partial S}{\partial T} = \frac{1}{T}\frac{\partial U}{\partial T}. \tag{9}$$

Da die Ableitung von $\frac{\partial S}{\partial V}$ nach T gleich der Ableitung von $\frac{\partial S}{\partial T}$ nach V ist, erhält man daraus

$$\frac{\partial}{\partial T}\left\{\frac{1}{T}\left[\frac{\partial U}{\partial V} + p\right]\right\} = \frac{\partial}{\partial V}\left\{\frac{1}{T}\frac{\partial U}{\partial T}\right\}. \tag{10}$$

Ausführung der Differentiationen ergibt nach Multiplikation mit T^2

$$\frac{\partial U}{\partial V} = T\frac{\partial p}{\partial T} - p. \tag{11}$$

Das ist in formaler Hinsicht eine bestechend einfache Ableitung dieser Beziehung.

§ 14. Die Entropie eines homogenen Körpers

Der obige Beweis für die Existenz der Zustandsfunktion Entropie ist wenig geeignet, von ihr eine anschauliche Vorstellung zu vermitteln. Das ist nicht ganz zu vermeiden. Einen tieferen Einblick in das Wesen der Entropie kann man erst mit den Hilfsmitteln der statistischen Mechanik gewinnen, nicht im Rahmen der makroskopischen Thermodynamik. Wir wollen hier nur versuchen, die Fremdartigkeit dieses Begriffes zu mildern, indem wir die Entropie für einen einfachen homogenen Körper wirklich ausrechnen.

Es ist üblich, die Entropie im festen Zustand am absoluten Nullpunkt beim Druck $p = 0$ gleich null zu setzen. Wenn die Substanz keine zu geringe Masse hat und nicht zu fein verteilt ist, kann man alle Oberflächeneffekte vernachlässigen, und dann ist die zuzuführende Wärme bei einer kleinen Änderung von Druck und Temperatur der Masse des Körpers proportional. Bei der obigen Wahl des Nullpunktes gilt daher das gleiche für die Entropie als Funktion von Temperatur und Druck. Wir berechnen deshalb nur die spezifische Entropie

$$s = \frac{S}{m}. \tag{1}$$

Wir setzen nun (§ 13; 11 und 9) in (§ 13; 8) ein und drücken $\frac{\partial U}{\partial T}$ mittels (§ 6; 11) durch die spez. Wärme aus. Führt man statt V das spezifische Volumen $v = V/m$ ein, so ergibt sich

$$ds = \frac{1}{m} dS = \frac{c_v}{T} dT + \left(\frac{\partial p}{\partial T}\right)_v dv. \tag{2}$$

Wir führen nun statt v den Druck als unabhängige Variable ein. Für v als Funktion von p und T gilt

$$dv = \left(\frac{\partial v}{\partial T}\right)_p dT + \left(\frac{\partial v}{\partial p}\right)_T dp \tag{3}$$

und daher, analog zu (§ 11; 13)

$$\left(\frac{\partial v}{\partial T}\right)_p + \left(\frac{\partial v}{\partial p}\right)_T \left(\frac{\partial p}{\partial T}\right)_v = 0. \tag{4}$$

Einsetzen dieser Beziehungen in (2) liefert bei Beachtung von (§ 11; 11)

$$ds = \frac{c_p}{T} dT - \left(\frac{\partial v}{\partial T}\right)_p dp. \tag{5}$$

Das Linienintegral über diesen Ausdruck von $T = 0$ und $p = 0$ an ergibt die spez. Entropie $s(T, p)$ des festen Zustandes:

$$s(T, p) = \int\limits_{T = p = 0}^{T, p} \left(\frac{c_p}{T} dT - \left(\frac{\partial v}{\partial T}\right)_p dp\right). \tag{6}$$

Erreicht man bei Temperatursteigerung beim Druck p_s und der Temperatur T_s die Gleichgewichtskurve zwischen dem festen und dampfförmigen Zustand, so beginnt die Substanz zu sublimieren. Beim Übergang zum Dampf ist dann bei festem T und p pro Masseneinheit die spez. Sublimationswärme l_s zuzuführen. Dabei wächst die spez. Entropie um l_s/T_s. Alle Größen des Dampfzustandes wollen wir durch ein Apostroph kennzeichnen. Für die spez. Entropie $s'(T, p)$ des Dampfes erhält man demnach

$$s'(T,p) = \int\limits_{T=p=0}^{T_s,\, p_s} \left(\frac{c_p}{T} dT - \left(\frac{\partial v}{\partial T} \right)_p dp \right) + \frac{l_s}{T_s}$$
$$+ \int\limits_{T_s,\, p_s}^{T,\, p} \left(\frac{c_p'}{T} dT - \left(\frac{\partial v'}{\partial T} \right)_p dp \right). \qquad (7)$$

Die gleiche Formel gilt auch für die Flüssigkeit, nur bedeutet dann l_s die spez. Schmelzwärme; T_s und p_s sind dann die Daten eines Punktes der Schmelzkurve in der T-p-Ebene und die gestrichenen Größen sind Daten des flüssigen Zustandes.

Selbstverständlich muß der Wert der Entropie $s'(T, p)$ unabhängig davon sein, bei welchem Wert T_s und p_s der Übergang vom festen zum dampfförmigen bzw. flüssigen Zustand vollzogen wird, denn das Integral $\int \frac{dQ}{T}$ ist längs reversibler Wege vom Wege unabhängig. Die Folgerungen aus dieser Tatsache wollen wir im nächsten Paragraphen diskutieren.

Hier wollen wir die obigen Formeln zunächst für einfache Fälle auswerten. Bei festen Körpern kann man wegen der Kleinheit der thermischen Dehnung bei nicht zu großen Drucken den Summanden $\int\limits_{p=0}^{p} \left(\frac{\partial v}{\partial T} \right)_p dp$ in (6) als klein vernachlässigen und desgleichen den Unterschied zwischen c_p und c_v. Da bei festen Körpern die spez. Wärme c am absoluten Nullpunkt verschwindet, konvergiert das Integral über c/T bei $T = 0$. $s(T, p)$ ist daher nahezu von p unabhängig und beträgt

$$s = \int\limits_{T=0}^{T} \frac{c}{T} dT. \qquad (8)$$

Für den Dampfzustand bzw. für das Gas wollen wir zur Vereinfachung der Diskussion zunächst ohne Rücksicht auf den durch (7) festgelegten Absolutwert der Entropie s' das

Differential (5) unbestimmt integrieren. Bei genügend kleinen Drucken gilt im Dampf die ideale Gasgleichung und daher

$$\left(\frac{\partial v'}{\partial T}\right)_p = \frac{R}{p} \tag{9}$$

und somit

$$ds' = \frac{c_p'}{T}\,dT - \frac{R}{p}\,dp. \tag{10}$$

Daraus folgt zunächst, daß bei einem idealen Gas c_p' vom Druck unabhängig ist. Denn nach (10) ist c_p'/T gleich der Ableitung von s' nach T und $-R/p$ gleich der Ableitung nach p. Daraus folgt

$$\frac{\partial}{\partial p}\left(\frac{c_p'}{T}\right) = \frac{\partial^2 s'}{\partial p\,\partial T} = -\frac{\partial}{\partial T}\left(\frac{R}{p}\right) = 0. \tag{11}$$

Bei der Bildung des Linienintegrals über (10) erhält man daher zwei gewöhnliche Integrale über T und p. In dem ersten zerlegt man c_p' zweckmäßig in zwei Summanden $c'_{p0} + c'_{pT}$, von denen der erste gleich der spez. Wärme c_p' am absoluten Nullpunkt ist und der zweite gleich der Abweichung davon bei höheren Temperaturen. Die statistische Mechanik liefert für c'_{p0} den Wert $5/2\,R$. Wir wollen jedoch im folgenden davon keinen Gebrauch machen. In dem Integral über c'_{pT}/T kann man als untere Grenze $T = 0$ setzen, nicht dagegen in dem Integral über c'_{p0}/T, weil letzteres bei $T = 0$ divergiert. Wählt man dort als untere Grenze eine beliebige feste Temperatur T_0 und entsprechend in dem Integral über R/p den festen Druck p_0, so ergibt sich mit einer zunächst unbestimmten Integrationskonstanten s_0'

$$s'(T, p) = \int_{T_0}^{T} \frac{c'_{p0}}{T}\,dT + \int_0^T \frac{c'_{pT}}{T}\,dT - \int_{p_0}^{p} \frac{R}{p}\,dp + s_0' \tag{12}$$

oder

$$s'(T, p) = c'_{p0} \ln T/T_0 + \int_0^T \frac{c'_{pT}}{T}\,dT - R \ln p/p_0 + s_0'. \tag{13}$$

Meist setzt man $T_0 = 1$ Grad und $p_0 = 1$ Atm. Oft werden

T_0 und p_0 einfach fortgelassen, obwohl die dann auftretenden Ausdrücke $\ln T$ und $\ln p$ sinnlos sind, denn Logarithmen kann man nur von Zahlen bilden, nicht von einer Temperatur und einem Druck. Man meint dann mit den Buchstaben T und p nicht die Größen selbst, sondern ihre Zahlenwerte in bestimmten Einheiten, und diese Einheiten p_0 und T_0 werden in der Formel unterdrückt. Jede Änderung von T_0 und p_0 hat eine entsprechende Änderung der Entropiekonstanten s_0' zur Folge. $s'(T, p)$ ist dagegen unabhängig von der Wahl von T_0 und p_0.

Der Wert der Konstanten s_0' ist durch (7) bestimmt. Setzt man auch dort $c_p' = c'_{p0} + c'_{pT}$ und $\left(\frac{\partial v'}{\partial T}\right)_p = \frac{R}{p}$, so ergibt sich beim Gleichsetzen von (7) und (12) nach Zusammenfassung einiger Integrale

$$\begin{aligned} s_0' = & \int\limits_{T=p=0}^{T_s, p_s} \left(\frac{c_p}{T} dT - \left(\frac{\partial v}{\partial T}\right)_p dp\right) + \frac{l_s}{T_s} \\ & + \int\limits_{p_0}^{p_s} \frac{R}{p}\, dp - \int\limits_{T_0}^{T_s} \frac{c'_{p0}}{T}\, dT - \int\limits_{0}^{T_s} \frac{c'_{pT}}{T}\, dT. \end{aligned} \tag{14}$$

Macht man im ersten Integral dieselben Vernachlässigungen wie bei (8) und führt das dritte und vierte Integral aus, so erhält man

$$s_0' = \frac{l_s}{T_s} + R \ln p_s/p_0 - c'_{p0} \ln T_s/T_0 + \int\limits_{T=0}^{T_s} \frac{c - c'_{pT}}{T}\, dT. \tag{15}$$

Diese Formel gestattet es, s_0' experimentell aus zusammengehörigen Werten von Sublimationsdruck p_s, Sublimationstemperatur T_s und spez. Sublimationswärme l_s zu bestimmen.

Wenn man (13) spezialisiert auf ein Gas mit konstanter spezifischer Wärme, also $c'_{pT} = 0$, und $c'_{p0}/c'_{v0} = \gamma$ setzt, kann man (13) wegen $c'_{p0} - c'_{v0} = R$ in der Form schreiben:

$$s'(T,p) = c'_{v0}\,[\ln (T/T_0)^{\gamma} - \ln (p/p_0)^{\gamma-1}] + s_0' \qquad (16)$$

$$= c'_{v0} \ln \frac{p v^{\gamma}}{p_0 v_0^{\gamma}} + s_0'. \qquad (17)$$

In dieser Formel ist wieder die bereits in (§ 7; 7) erhaltene Aussage enthalten, daß längs einer reversibel durchlaufenen Adiabaten im idealen Gas, also für $s' =$ konst. auch $p v^{\gamma} =$ konst. gilt.

Am absoluten Nullpunkt wird die Entropie eines idealen Gases nach (16) negativ unendlich. Es sei bereits hier darauf hingewiesen, daß das für wirkliche Gase nicht gilt. Selbst bei sehr geringen Dichten, bei denen man die anziehenden Kräfte zwischen den Molekülen vollständig vernachlässigen kann und daher ideales Verhalten erwarten sollte, machen sich bei extrem niedrigen Temperaturen Quanteneffekte bemerkbar, welche Abweichungen von der idealen Gasgleichung zur Folge haben und bewirken, daß s' am absoluten Nullpunkt endlich bleibt (vgl. § 25).

§ 15. Die Dampfdruckformel

In der Formel (§ 14; 7) muß die Entropie s' des Dampfes unabhängig von den Daten T_s, p_s des Übergangspunktes auf der Sublimationskurve sein. Ändert man also T_s um ΔT_s und den zugehörigen Druck p_s sowie die Umwandlungswärme l_s entsprechend um

$$\Delta p_s = \frac{dp_s}{dT_s}\Delta T_s \text{ und } \Delta l_s = \frac{dl_s}{dT_s}\Delta T_s, \qquad (1)$$

so muß die Änderung der rechten Seite von (§ 14; 7) verschwinden. Daraus folgt

$$\begin{aligned}\left(\frac{c_p}{T_s}\Delta T_s - \left(\frac{\partial v}{\partial T}\right)_p \Delta p_s\right) + \frac{\Delta l_s}{T_s} - \frac{l_s}{T_s^2}\Delta T_s \\ - \left(\frac{c_p'}{T_s}\Delta T_s - \left(\frac{\partial v'}{\partial T}\right)_p \Delta p_s\right) = 0\,.\end{aligned} \qquad (2)$$

Division dieser Gleichung durch ΔT_s und Einsetzen von (1) liefert nach Multiplikation mit T_s und einigen Umformungen

$$\frac{dl_s}{dT_s} = c_p' - c_p + \frac{l_s}{T_s} - T_s \frac{dp_s}{dT_s}\left[\left(\frac{\partial v'}{\partial T}\right)_p - \left(\frac{\partial v}{\partial T}\right)_p\right]. \quad (3)$$

Eliminiert man rechts die Umwandlungswärme l_s mit Hilfe der Clausius-Clapeyronschen Gleichung (§ 12; 5), so erhält man

$$\frac{dl_s}{dT_s} = c_p' - c_p + \frac{dp_s}{dT_s}\left[\left(v' - T_s\frac{\partial v'}{\partial T}\right) - \left(v - T_s\frac{\partial v}{\partial T}\right)\right]. \quad (4)$$

Diese Formel für die Temperaturabhängigkeit der spez. Umwandlungswärme gilt nicht nur für die Sublimation, sondern nach entsprechender Umdeutung der Buchstaben für jede Phasenumwandlung. Bei Anwendung auf die Sublimation kann man bei kleinen Drucken den zweiten Summanden in (4) vernachlässigen. Denn alle Glieder, die das spez. Volumen v der festen Phase enthalten, sind wegen der Kleinheit von v klein gegen $c_p' - c_p$, und für den Dampf ergibt sich aus der idealen Gasgleichung $v' - T_s\frac{\partial v'}{\partial T} = 0$. Die vereinfachte Beziehung

$$\frac{dl_s}{dT_s} = c_p' - c_p \quad (5)$$

liefert bei Integration

$$l_s = l_{s0} + \int_0^{T_s}(c_p' - c_p)\,dT\,. \quad (6)$$

Darin bedeutet l_{s0} die spez. Sublimationswärme am absoluten Nullpunkt. Setzt man diese Beziehung in die Clausius-Clapeyronsche Gleichung (§ 12; 5) ein, so erhält man nach nochmaliger Integration den Dampfdruck p_s in Abhängigkeit von T_s.

Diese Rechnung brauchen wir aber hier nicht durchzuführen, da das Resultat bereits in (§ 14; 14) bzw. bei Vernachlässigung der thermischen Dehnung der festen Phase in (§ 14; 15) enthalten ist. Auflösung dieser Gleichung nach $\ln p_s/p_0$ ergibt

$$\ln\frac{p_s}{p_0} = -\frac{l_s}{RT_s} + \frac{c'_{p0}}{R}\ln\frac{T_s}{T_0} + \int_{T=0}^{T_s}\frac{c'_{pT} - c}{RT}\,dT + \frac{s_0'}{R}\,. \quad (7)$$

In der physikalischen Chemie pflegt man diese Formel etwas anders zu schreiben. Man setzt (6) in (7) ein und führt zugleich in dem in (6) vorkommenden Integral die bereits in § 14 benutzte Zerlegung $c'_p = c'_{p0} + c'_{pT}$ ein. Das Integral über c'_{p0} läßt sich dann ausführen und liefert beim Einsetzen in (7) eine Konstante. Um die Formel für mathematisch weniger geschulte Leser handlich zu machen, werden weiterhin die natürlichen Logarithmen in Briggsche verwandelt, was bekanntlich durch Division mit $\ln 10 = 2{,}3026$ geschieht. Dann erhält man

$$\log\frac{p_s}{p_0} = -\frac{l_{s0}}{2{,}3026\,RT_s} + \frac{c'_{p0}}{R}\log\frac{T_s}{T_0} - \frac{1}{2{,}3026\,RT_s}\int\limits_0^{T_s}(c'_{pT} - c)\,dT + \frac{1}{2{,}3026\,R}\int\limits_0^{T_s}\frac{c'_{pT} - c}{T}\,dT + \frac{s_0' - c'_{p0}}{2{,}3026\,R}\,. \tag{8}$$

Für den Einheitsdruck p_0 und die Einheitstemperatur T_0 werden $p_0 = 1$ Atm. und $T_0 = 1$ Grad gesetzt. In der Formel werden diese Größen in der Regel fortgelassen (vgl. S. 46). Die in (8) auftretende Konstante

$$\frac{s_0' - c'_{p0}}{2{,}3026\,R} = i \tag{9}$$

wird als die chemische Konstante der Substanz bezeichnet. Sie ist eine dimensionslose Zahl, deren Wert aber noch von p_0 und T_0 bzw. von den Einheiten des Druckes und der Temperatur abhängt, was in der Literatur im allgemeinen verschwiegen wird.

§ 16. Die Enthalpie

Unter der Enthalpie eines Körpers versteht man die Zustandsfunktion

$$I = U + pV. \tag{1}$$

Um ihre Bedeutung kennenzulernen, berechnen wir ihre Änderung bei einer kleinen Zustandsänderung. Wir beschränken uns dabei wieder auf einen Körper, dessen Zustand durch 2 Variablen vollständig gegeben ist und der Arbeit nur in Form von Kompressionsarbeit aufzunehmen vermag. Es gilt also $dA = -pdV$. Wegen $dU = dA + dQ$ erhält man in diesem Fall

$$dI = dU + pdV + Vdp = dQ + Vdp. \tag{2}$$

Bei einer Erwärmung unter konstantem Druck, also $dp = 0$, ergibt sich daraus für die spezifische Wärme

$$c_p = \frac{1}{m}\left(\frac{dQ}{dT}\right)_p = \frac{1}{m}\left(\frac{\partial I}{\partial T}\right)_p. \tag{3}$$

Diese Formel ist analog gebaut wie die Gleichung (§ 6; 11)

$$c_v = \frac{1}{m}\left(\frac{\partial U}{\partial T}\right)_v. \tag{4}$$

In § 6 erwiesen sich bei der inneren Energie die Größen V und T als die geeigneten unabhängigen Variablen. Hier sieht man, daß die Enthalpie zweckmäßig als Funktion von p und T betrachtet wird.

In der gleichen Weise wie wir in § 13 aus der Existenz der Entropiefunktion die Volumenabhängigkeit der inneren Energie abgeleitet haben, wollen wir nun die Druckabhängigkeit der Enthalpie berechnen. Wir lösen deshalb (2) nach dem Differential dQ/T der Entropie auf und setzen den Ausdruck

$$dI = \frac{\partial I}{\partial p}dp + \frac{\partial I}{\partial T}dT \tag{5}$$

ein. Das ergibt

$$dS = \frac{dQ}{T} = \frac{dI - V dp}{T} = \frac{1}{T}\left(\frac{\partial I}{\partial p} - V\right)dp + \frac{1}{T}\frac{\partial I}{\partial T}dT. \tag{6}$$

Wenn man also S als Funktion von p und T auffaßt, ist

$$\left(\frac{\partial S}{\partial p}\right)_T = \frac{1}{T}\left(\frac{\partial I}{\partial p} - V\right) \text{ und } \left(\frac{\partial S}{\partial T}\right)_p = \frac{1}{T}\frac{\partial I}{\partial T}. \tag{7}$$

Daraus folgt

$$\frac{\partial}{\partial T}\left[\frac{1}{T}\left(\frac{\partial I}{\partial p} - V\right)\right] = \frac{\partial}{\partial p}\left[\frac{1}{T}\frac{\partial I}{\partial T}\right] \tag{8}$$

oder nach Ausführung der Differentiationen und einigen Umstellungen

$$\frac{\partial I}{\partial p} = V - T\frac{\partial V}{\partial T}. \tag{9}$$

Das ist eine sehr ähnlich gebaute Formel wie (§ 11; 7). Allgemein gilt also für homogene Medien

$$dI = \left(V - T\frac{\partial V}{\partial T}\right) dp + mc_p\, dT\,. \tag{10}$$

Bei einem idealen Gas ist $V - T\frac{\partial V}{\partial T} = 0$. Bei ihm ist die Enthalpie nur von der Temperatur abhängig und durch das Integral über mc_p gegeben. Für feste Substanzen gilt das bei nicht zu großen Drucken auch, weil dann der erste Summand in (10) vernachlässigt werden kann.

Wählt man als Nullpunkt der inneren Energie den festen Zustand bei $T = 0$ und $p = 0$, so gilt demnach für den festen Zustand

$$I = m\int_0^T c_p dT\,. \tag{11}$$

Da nach (2) die Änderung der Enthalpie bei Prozessen unter konstantem Druck gleich der zugeführten Wärme ist, wächst die Enthalpie bei der Verdampfung um m mal der spez. Verdampfungswärme l_s. Wenn man für den Dampf die ideale Gasgleichung als gültig annimmt und die spez. Wärme des Dampfes mit c_p' bezeichnet, erhält man für den Dampf

$$I = m\left\{\int_0^{T_s} c_p dT + l_s + \int_{T_s}^T c_p' dT\right\} \tag{12}$$

oder bei Beachtung von (§ 15; 6)

$$I = m\left\{l_{s0} + \int_0^T c_p'\, dT\right\}. \tag{13}$$

§ 17. Der Joule-Thomson-Effekt

Wenn man ein Gas von dem Druck p_1 auf den geringeren Druck p_2 entspannt, indem man es durch ein enges Drosselventil strömen läßt, ändert sich im allgemeinen seine Temperatur. Dieser Effekt wurde von W. Thomson und J. P. Joule um 1852 experimentell und theoretisch untersucht. Um ihn zu berechnen, greifen wir in Gedanken aus dem stationären, das Drosselventil durchströmenden Gasstrom eine bestimmte Gasmenge heraus, von der ein Teil vor und ein anderer Teil hinter dem Ventil liegt. Die Grenzen dieser

Gasmenge bilden zwei gedachte Querschnitte in dem Rohr vor und hinter dem Ventil (vgl. Abb. 6). Bei einer stationären Strömung sind alle Zustandsgrößen am festen Ort konstant. Infolgedessen nimmt die Wandung an jeder Stelle genau die Temperatur des Gases an und tauscht keine Wärme mit ihm aus. Bei diesem Prozeß ist also $dQ = 0$. Das bedeutet aber nicht, daß die Entropie dabei konstant bleibt, denn es handelt sich um keinen reversiblen Prozeß. Im Ventil bekommt ein Teil des Gases eine beträchtliche Geschwindigkeit, die es kurz danach in einer Wirbelbewegung wieder verliert. Dort befindet sich das Gas also nicht im thermischen Gleichgewicht. Bei irreversiblen Prozessen ist aber die Entropieänderung nicht gleich dem Integral über dQ/T.

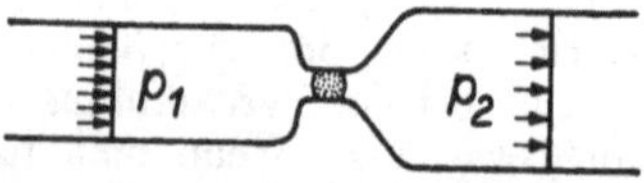

Abb. 6. Entspannung eines Gases durch Drosselung (schematisch)

Zur Berechnung der Zustandsänderung ziehen wir deshalb nur den 1. Hauptsatz heran. Es seien v_1 und v_2 die spez. Volumina des Gases in dem Zustand vor und hinter dem Drosselventil. Während eine Gasmenge mit der Masse Δm das Ventil durchströmt, überstreicht die Grenze der betrachteten Gasmenge vor dem Ventil ein Volumen der Größe $v_1 \Delta m$. Die Druckkräfte des nachfolgenden Gases leisten dabei die Arbeit $p_1 v_1 \Delta m$. Ebenso findet man, daß die betrachtete Gasmenge hinter dem Ventil die Arbeit $p_2 v_2 \Delta m$ abgibt. Die während dieser Zeit zugeführte Arbeit beträgt also

$$\Delta A = (p_1 v_1 - p_2 v_2)\, \Delta m. \tag{1}$$

Wegen $dQ = 0$ nimmt die innere Energie dabei um den gleichen Betrag zu. Da sich im Innern des Drosselventils am festen Ort die Verhältnisse nicht ändern, sieht die gesamte Veränderung der betrachteten Gasmenge gerade so aus, als ob eine Gasmenge mit der Masse Δm vor dem Ventil herausgenommen und hinter ihm mit anderen Zustandsdaten eingefügt worden wäre. Bezeichnet man mit u_1 und u_2 die spezifischen inneren Energien des Gases in dem Zustand davor und dahinter, so gilt demnach

$$\Delta U = (u_2 - u_1)\Delta m. \tag{2}$$

Setzt man (1) und (2) gleich, so ergibt sich nach Division durch Δm

$$u_2 + p_2 v_2 = u_1 + p_1 v_1. \tag{3}$$

Diese Gleichung besagt: Die spez. Enthalpie $i = u + pv$ eines Gases bleibt beim stationären Durchströmen eines Drosselventils konstant. Strenggenommen müßte man dabei die spez. kinetische Energie der makroskopisch sichtbaren Strömungsbewegung des Gases mit zu u und i rechnen. Meist ist diese aber vernachlässigbar klein.

Bei einem idealen Gas, in welchem i nur von der Temperatur abhängt, ändert sich demnach bei der Entspannung im Drosselventil die Temperatur nicht. Allgemein ergibt sich die Temperaturänderung bei einer kleinen Druckänderung im Drosselventil aus (§ 16; 10), indem man dort $dI = 0$ setzt. Führt man dort statt des Volumens V das spez. Volumen $v = V/m$ ein, so erhält man für die Ableitung der Temperatur nach dem Druck bei konstanter Enthalpie

$$\left(\frac{\partial T}{\partial p}\right)_i = \frac{T\,\frac{\partial v}{\partial T} - u}{c_p}. \tag{4}$$

Um einen Überblick über das Verhalten dieser Größe zu bekommen, werten wir sie unter Benutzung der van der Waalschen Zustandsgleichung

$$\left(p + \frac{a}{v^2}\right)(v - b) = RT \tag{5}$$

aus, welche qualitativ das Verhalten der realen Gase wiedergibt. Man dividiert zweckmäßig (5) durch $v - b$ und differenziert dann nach T, wobei v als Funktion von p und T aufzufassen ist und p konstant zu halten ist. Das ergibt

$$\left(\frac{\partial v}{\partial T}\right)_p = \frac{R/(v - b)}{RT/(v - b)^2 - 2a/v^3}. \tag{6}$$

Einsetzen dieses Ausdruckes in (4) liefert nach einigen Umformungen

$$\left(\frac{\partial T}{\partial p}\right)_i = \frac{\frac{2a}{RT}\cdot\left(\frac{v-b}{v}\right)^2 - b}{c_p\left[1-\frac{2a}{vRT}\cdot\left(\frac{v-b}{v}\right)^2\right]}. \tag{7}$$

Bei sehr kleinen Drucken, also großem v ist die eckige Klammer im Nenner nahezu gleich 1 und der Zähler gleich $\frac{2a}{RT} - b$. Bei geringer Dichte ist also bei hohen Temperaturen die Größe $\left(\frac{\partial T}{\partial p}\right)_i$ negativ, d. h. bei der Druckabnahme im Drosselventil nimmt die Temperatur zu. Bei der Temperatur $T_i = \frac{2a}{Rb}$ und sehr großem v verschwindet $\left(\frac{\partial T}{\partial p}\right)_i$. Bei Abkühlung auf tiefere Temperaturen wird $\left(\frac{\partial T}{\partial p}\right)_i$ positiv. Der Joule-Thomson-Effekt kehrt dann sein Vorzeichen um und liefert bei Entspannung im Drosselventil eine Abkühlung. Die Temperatur T_i nennt man die Inversionstemperatur. Für beliebiges v folgt aus (7) für diese Temperatur T_i, bei der der Joule-Thomson-Effekt verschwindet, die Formel

$$T_i = \frac{2a}{Rb}\cdot\left(\frac{v-b}{v}\right)^2. \tag{8}$$

Mit wachsendem Druck bzw. abnehmendem v sinkt demnach die Inversionstemperatur.

Bei Luft liegt bei nicht zu hohen Drucken die Inversionstemperatur oberhalb Zimmertemperatur. Eine Entspannung im Drosselventil ergibt also eine Abkühlung. Beim Lindeschen Luftverflüssigungsverfahren wird nun diese kältere Luft benutzt, um in einem Gegenstromkühler die noch nicht entspannte Luft auf Temperaturen unterhalb Zimmertemperatur vorzukühlen. Dadurch wird der Joule-Thomson-Effekt im Drosselventil verstärkt. Auf diese Weise kann man schließlich eine teilweise Verflüssigung erreichen.

Die Inversionstemperaturen verschiedener Gase liegen um so niedriger, je tiefer die Siedepunkte liegen. Wasserstoffgas kann man daher nach diesem Verfahren nur verflüssigen, wenn man es mit flüssiger Luft vorkühlt. Eine Heliumverflüssigung gelingt nur bei Vorkühlung mit flüssigem Wasserstoff. Unter normalem Druck siedet Luft bei etwa 90°, Wasserstoff bei 20° und Helium bei 4°.

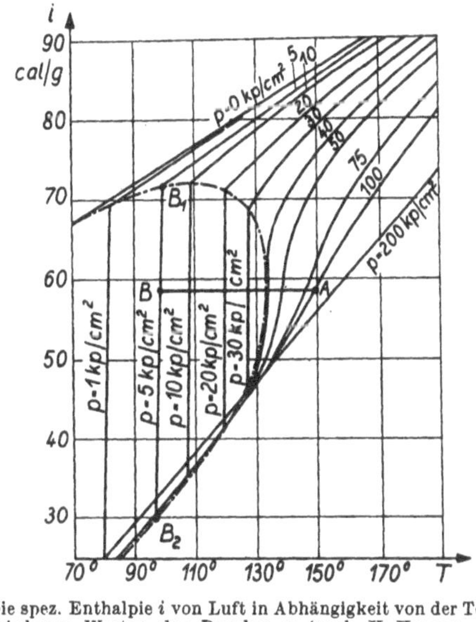

Abb. 7. Die spez. Enthalpie i von Luft in Abhängigkeit von der Temperatur T bei verschiedenen Werten des Druckes p (nach H. Hausen, Forschungsarbeiten auf dem Gebiet des Ingenieurwesens, Heft 274, 1926)

Die strichpunktierte Kurve ist die Grenze des Gebietes, in welchem die Substanz teilweise flüssig ist. Da Luft ein Gemisch von Stickstoff und Sauerstoff ist, ändert sich beim Verdampfen unter konstantem Druck die Temperatur ein wenig. Deshalb sind bei Luft die Kurven in diesem Gebiet nicht wie bei einem Einstoffsystem genau vertikal. Im Text wurde das vernachlässigt

Eine quantitative Ermittlung der zu erwartenden Kühleffekte für große Druckdifferenzen am Drosselventil gelingt am besten an Hand der Kurven für die spez. Enthalpie i in Abhängigkeit von der Temperatur mit verschiedenen Werten des Druckes als Parameter, wie sie in Abb. 7 für

Luft dargestellt sind. Bei tiefen Temperaturen ist nach (§ 16; 10) die Neigung einer einzelnen Kurve gleich der spez. Wärme c_p der Flüssigkeit. Bei Erreichung der Siedetemperatur zu dem gewählten Druck steigt sie senkrecht an um einen Betrag gleich der spez. Verdampfungswärme l_s. Oberhalb davon ist die Neigung gleich der spez. Wärme c_p' des Dampfes. Das Gebiet, deren Zustandspunkte einer Mischung von flüssiger und dampfförmiger Luft entsprechen, ist in Abb. 7 durch eine gestrichelte Kurve umrandet.

Wenn nun der Anfangszustand vor dem Drosselventil mit den Daten p_1, T_1 gegeben ist, erhält man den Endzustand nach Entspannung auf p_2, indem man in diesem Diagramm von dem zu p_1, T_1 gehörigen Punkt horizontal herübergeht bis zu dem Punkt mit gleichem i auf der Kurve für p_2. In Abb. 7 ist eine solche Gerade eingetragen für $p_1 = 100$ Atm., $T_1 = 150°$ und $p_2 = 5$ Atm. Der Anfangszustand (Punkt A) liegt im Bereich homogenen Dampfes, der Endzustand (Punkt B) in dem Bereich, in welchem die Substanz teilweise flüssig ist. Das Massenverhältnis von Flüssigkeit zu Dampf ist dort, wie man sich leicht klar macht, gleich dem Verhältnis der Abstände des Punktes B von den beiden Punkten B_1 und B_2 auf der gestrichelten Grenzkurve zu der gleichen Temperatur. Es beträgt in dem gezeichneten Beispiel etwa 32% : 68%. Dadurch, daß der flüssige Anteil hinter dem Drosselventil in Tropfenform ausfällt, zerlegt sich die Substanz von selbst in zwei Anteile. Der Zustand des dampfförmigen Anteils wird durch den Punkt B_1 gegeben. Seine Enthalpie hat demnach zugenommen. Der Zustand des flüssigen Anteils entspricht dem Punkt B_2 und hat eine kleinere Enthalpie als der Ausgangszustand.

§ 18. Die freie Energie und die freie Enthalpie

Aus den bisher eingeführten Zustandsfunktionen, der inneren Energie U, der Enthalpie I und der Entropie S kann man weiter die folgenden beiden Funktionen bilden:
Die freie Energie

$$F = U - TS \tag{1}$$

und die freie Enthalpie

$$G = I - TS = U + pV - TS. \tag{2}$$

Wenn man für einen Körper eine dieser beiden Funktionen in Abhängigkeit von den dazu passenden Zustandsvariablen kennt, kann man aus ihr und ihren Ableitungen alle thermodynamisch möglichen Aussagen ableiten. Die zur freien Energie passenden Variablen sind die Temperatur T und die sog. Arbeitsvariablen. Darunter versteht man solche Variablen, bei deren Konstanthaltung dem Körper Arbeit weder zugeführt noch entzogen werden kann. Für die durch Kompression oder Dilatation zugeführte Arbeit ist demnach das Volumen Arbeitsvariable, nicht der Druck. Bei elektrischer Energiezufuhr ist die eintretende Ladung Arbeitsvariable, aber nicht die Spannung. Wenn dem Körper durch Vergrößerung seiner Oberfläche Arbeit zugeführt werden kann, wie das bei einer Flüssigkeit der Fall ist, so ist die Größe der Oberfläche eine weitere Arbeitsvariable. Weitere Beispiele werden wir später betrachten. Im folgenden beschränken wir uns auf das schon oft behandelte Beispiel einer Körpers, dessen Zustand durch Temperatur T und Volumen V eindeutig beschrieben ist und nur bei einer Volumenänderung Arbeit der Größe

$$dA = -pdV \tag{3}$$

aufnehmen kann. Eine Kenntnis von F in Abhängigkeit von V und T liefert dann eine im Sinne der Thermodynamik vollständige Kenntnis der Eigenschaften des Körpers.

Um das zu zeigen, berechnen wir die Änderung von F bei einer kleinen Änderung der Zustandsvariablen:

$$dF = dU - TdS - SdT. \tag{4}$$

Erfolgt die Änderung reversibel, so ist $TdS = dQ$ und daher $dU - TdS = dA$. Somit folgt

$$dF = dA - SdT. \tag{5}$$

Bei einer reversiblen Zustandsänderung bei konstanter Temperatur ist also die Änderung der freien Energie gleich der zugeführten Arbeit.

In dem hier betrachteten Beispiel gilt

$$dF = -p dV - S dT. \tag{6}$$

Die Ableitung der freien Energie F nach dem Volumen bei konstanter Temperatur ist demnach gleich dem negativen Druck, die Ableitung nach T bei festem V gleich der negativen Entropie:

$$\frac{\partial F_{(V,T)}}{\partial V} = -p, \tag{7}$$

$$\frac{\partial F_{(V,T)}}{\partial T} = -S. \tag{8}$$

Die erste dieser Gleichungen ist offenbar die Zustandsgleichung. Aus der zweiten folgt, in Verbindung mit der Definitionsgleichung von F, die innere Energie

$$U = F + TS = F - T\frac{\partial F}{\partial T}. \tag{9}$$

Weiter ergibt sich aus (8) die bei einer reversiblen Zustandsänderung zugeführte Wärme

$$\begin{aligned} dQ = T dS &= T\left(\frac{\partial S}{\partial V} dV + \frac{\partial S}{\partial T} dT\right) \\ &= -T\frac{\partial^2 F}{\partial T \partial V} dV - T\frac{\partial^2 F}{\partial T^2} dT. \end{aligned} \tag{10}$$

Die spez. Wärme bei konstantem Volumen c_v beträgt daher

$$c_v = \frac{1}{m}\left(\frac{dQ}{dT}\right)_v = -\frac{T}{m}\frac{\partial^2 F}{\partial T^2}. \tag{11}$$

Zur Berechnung der spez. Wärme bei konstantem Druck muß man zunächst die Temperaturabhängigkeit des Volumens bei konstantem Druck ermitteln. Allgemein folgt aus (7)

$$dp = -\frac{\partial^2 F}{\partial V^2} dV - \frac{\partial^2 F}{\partial V \partial T} dT. \tag{12}$$

Daraus ergibt sich der Zusammenhang zwischen dV und dT bei festem Druck, also $dp = 0$. Setzt man diesen in (10) ein, so erhält man nach Division durch dT und die Masse m

$$c_p = \frac{1}{m}\left(\frac{dQ}{dT}\right)_p = -\frac{T}{m}\left\{\frac{\partial^2 F}{\partial T^2} - \frac{\left(\frac{\partial^2 F}{\partial V\,\partial T}\right)^2}{\frac{\partial^2 F}{\partial V^2}}\right\}. \tag{13}$$

Damit haben wir aus F und seinen Ableitungen die wichtigsten thermodynamischen Größen in Abhängigkeit von V und T erhalten. Selbstverständlich ergeben sich daraus auch sofort die Zusammenhänge zwischen ihnen. Für die Volumenabhängigkeit der inneren Energie erhält man durch Differentiation von (9) nach V wegen (7)

$$\frac{\partial U}{\partial V} = \frac{\partial F}{\partial V} - T\frac{\partial^2 F}{\partial T\,\partial V} = -p + T\left(\frac{\partial p}{\partial T}\right)_V. \tag{14}$$

Für die Differenz zwischen c_p und c_v ergibt sich aus (13), (11) und (7)

$$c_p - c_v = -\frac{T}{m}\cdot\frac{\left(\frac{\partial p}{\partial T}\right)_V^2}{\left(\frac{\partial p}{\partial V}\right)_T}. \tag{15}$$

Setzt man hier (§ 11; 13) ein, so wird es mit (§ 11; 14) identisch.

Aus (11) und (7) ergibt sich eine neue Beziehung für die Volumenabhängigkeit von c_v:

$$\frac{\partial c_v}{\partial V} = -\frac{T}{m}\frac{\partial^3 F}{\partial T^2\,\partial V} = +\frac{T}{m}\left(\frac{\partial^2 p}{\partial T^2}\right)_V. \tag{16}$$

Bei einem idealen Gas ist demnach c_v vom Volumen unabhängig.

Dieselben Dienste wie die freie Energie leistet auch die freie Enthalpie G, aber nur, wenn man sie als Funktion von T und p und den übrigen Arbeitsvariablen kennt. Zunächst kann man natürlich aus $F_{(V,T)}$ auch G als Funktion von V und T ermitteln, nämlich

$$F + pV = F - V\frac{\partial F}{\partial V} = G_{(V,T)}. \tag{17}$$

Aus $G_{(V,T)}$ kann man aber nicht wieder F eindeutig gewinnen, denn dazu müßte man (17), als Differentialgleichung für F als Funktion von V aufgefaßt, integrieren, und dabei tritt eine unbekannte Integrationskonstante auf. Anders wird es, wenn man (7) nach V auflöst und in (17) einsetzt, also G als Funktion von p und T berechnet. Denn wenn man in $F_{(V,T)} + pV$ das Volumen V als Funktion von p und T ansieht und bei festem T nach p differenziert, erhält man wegen (7)

$$\frac{\partial G}{\partial p} = \left(\frac{\partial F}{\partial V} + p\right) \cdot \left(\frac{\partial V}{\partial p}\right)_T + V = V. \tag{18}$$

Ferner gilt

$$\frac{\partial G}{\partial T} = \left(\frac{\partial F}{\partial V} + p\right) \left(\frac{\partial V}{\partial T}\right)_p + \frac{\partial F}{\partial T} = -S. \tag{19}$$

Mit Hilfe von (18) kann man aus $G_{(p,T)}$ auch wieder $F_{(V,T)}$ ausrechnen. Man findet nämlich zunächst durch die Beziehung

$$F = G - pV = G - p\frac{\partial G}{\partial p} \tag{20}$$

die freie Energie F als Funktion von p und T. Durch Auflösen von (18) nach p kann man daraus aber p eliminieren. Da also $G_{(p,T)}$ aus $F_{(V,T)}$ folgt und umgekehrt, muß die Kenntnis der Funktion $G_{(p,T)}$ auch zur Berechnung aller oben angegebenen Größen ausreichen. Ausgehend von (18) und (19) findet man die entsprechenden Beziehungen in ähnlicher Weise wie bei der freien Energie. Die Ergebnisse sind in Tab. 1 mit denjenigen für F zusammengestellt. Genauso wie bei F kann man daraus einige thermodynamische Beziehungen unmittelbar ablesen. Z. B. folgt aus der 1. und 4. Zeile der Spalte von G die Gleichung (§ 16; 9):

$$\frac{\partial I}{\partial p} = \frac{\partial G}{\partial p} - T\frac{\partial^2 G}{\partial p \partial T} = V - T\left(\frac{\partial V}{\partial T}\right)_p. \tag{21}$$

Aus der letzten Zeile ergibt sich

$$\frac{\partial c_p}{\partial T} = -\frac{T}{m}\frac{\partial^3 G}{\partial T^2 \partial p} = -\frac{T}{m}\left(\frac{\partial^2 V}{\partial T^2}\right)_p. \tag{22}$$

Diese Beziehung enthält wieder die bereits auf S. 45 erhaltene Aussage, daß c_p bei einem idealen Gas vom Druck unabhängig ist.

Der Übergang von $F_{(V,T)}$ nach $G_{(p,T)}$ ist eine Legendresche Berührungstransformation. Er hat die gleiche Struktur wie der Übergang von der Lagrangefunktion $L(\dot{q}_k, q_k)$ zur Hamiltonfunktion $H(p_k, q_k)$ in der analytischen Mechanik[1]. Bei letzterem wird statt der zeitlichen Ableitungen $\dot{q}_k$ der Koordinaten der verallgemeinerte Impuls $p_k = \frac{\partial L}{\partial \dot{q}_k}$, also eine Ableitung der Lagrangefunktion als unabhängige Variable eingeführt. Entsprechend wird beim Übergang von $F_{(V,T)}$ zu $G_{(p,T)}$ statt V die Ableitung $p = -\frac{\partial F}{\partial V}$ als unabhängige Variable eingeführt. Abgesehen von der Bezeichnung und der Vorzeichenwahl ist der Zusammenhang zwischen F und G der gleiche wie derjenige zwischen L und H.

Da $S = -\frac{\partial F}{\partial T}$ auch eine Ableitung von F ist, kann man durch eine weitere Legendresche Transformation auch S statt T zur unabhängigen Variablen machen. Die dazu passende abhängige Funktion ist die innere Energie

$$U = F - T\frac{\partial F}{\partial T} = F + TS. \tag{23}$$

Zu p und S als unabhängigen Variablen gehört die Enthalpie I als abhängige Funktion. In Tab. 2 sind die Bedeutungen der Ableitungen von $U_{(V,S)}$ und $I_{(p,S)}$ sowie ihre Verknüpfungen mit den anderen Funktionen zusammengestellt. Die ersten beiden Zeilen der Spalte von U enthalten offenbar nichts anderes als die bekannte Beziehung

$$dU = dA + dQ = -pdV + TdS\,. \tag{24}$$

Die Umkehrfunktionen $S_{(U,V)}$ und $S_{(I,p)}$, also die Entropie in Abhängigkeit von V und U oder von p und I, leisten natürlich dieselben Dienste wie $U_{(V,S)}$ und $I_{(p,S)}$. Die wichtigsten Beziehungen für diese Funktionen sind ebenfalls in Tab. 2 aufgeführt, da wir sie später gelegentlich benutzen werden.

---

[1]) Vgl. W. Döring, Einführung i. d. theor. Physik I. Mechanik. Sammlung Göschen, Bd. 76, § 32.

Tab. 1. Die freie Energie $F_{(V,T)}$ und die freie Enthalpie $G_{(p,T)}$ und die aus ihnen folgenden anderen thermodynamischen Größen

	$F_{(V,T)}$	$G_{(p,T)}$
1. Zustandsgleichung	$\frac{\partial F}{\partial V} = -p$	$\frac{\partial G}{\partial p} = V$
2. Entropie	$\frac{\partial F}{\partial T} = -S$	$\frac{\partial G}{\partial T} = -S$
3. Innere Energie	$U = F - T\frac{\partial F}{\partial T}$	$U = G - T\frac{\partial G}{\partial T} - p\frac{\partial G}{\partial p}$
4. Enthalpie	$I = F - T\frac{\partial F}{\partial T} - V\frac{\partial F}{\partial V}$	$I = G - T\frac{\partial G}{\partial T}$
5. Freie $\frac{\text{Energie}}{\text{Enthalpie}}$	$G = F - V\frac{\partial F}{\partial V}$	$F = G - p\frac{\partial G}{\partial p}$
6. Arbeitszufuhr	$dA = \frac{\partial F}{\partial V}dV$	$dA = -p\left(\frac{\partial^2 G}{dp^2}dp + \frac{\partial^2 G}{\partial p \partial T}dT\right)$
7. Wärmezufuhr	$dQ = -T\left(\frac{\partial^2 F}{dT^2}dT + \frac{\partial^2 F}{\partial T \partial V}dV\right)$	$dQ = -T\left(\frac{\partial^2 G}{\partial T^2}dT + \frac{\partial^2 G}{\partial p \partial T}dp\right)$
8. Spez. Wärme	$c_v = -\frac{T}{m}\frac{\partial^2 F}{\partial T^2}$	$c_v = -\frac{T}{m}\left[\frac{\partial^2 G}{\partial T^2} - \frac{\left(\frac{\partial^2 G}{\partial p \partial T}\right)^2}{\frac{\partial^2 G}{\partial p^2}}\right]$
	$c_p = -\frac{T}{m}\left[\frac{\partial^2 F}{\partial T^2} - \frac{\left(\frac{\partial^2 F}{\partial V \partial T}\right)^2}{\frac{\partial^2 F}{\partial V^2}}\right]$	$c_p = -\frac{T}{m}\frac{\partial^2 G}{\partial T^2}$

Tab. 2. Die innere Energie U, die Enthalpie I und die Entropie S und ihre Beziehungen zu den anderen thermodynamischen Funktionen

	$U_{(S,V)}$	$I_{(p,S)}$	$S_{(V,U)}$	$S_{(p,I)}$
Ableitungen	$\frac{\partial U}{\partial V} = -p$ $\frac{\partial U}{\partial S} = T$	$\frac{\partial I}{\partial p} = V$ $\frac{\partial I}{\partial S} = T$	$\frac{\partial S}{\partial V} = \frac{p}{T}$ $\frac{\partial S}{\partial U} = \frac{1}{T}$	$\frac{\partial S}{\partial p} = -\frac{V}{T}$ $\frac{\partial S}{\partial I} = \frac{1}{T}$
Freie Energie F	$= U - S\frac{\partial U}{\partial S}$	$= I - S\frac{\partial I}{\partial S} - p\frac{\partial I}{\partial p}$	$= U - \frac{S}{\frac{\partial S}{\partial U}}$	$= I - \frac{S - p\frac{\partial S}{\partial p}}{\frac{\partial S}{\partial I}}$
Freie Enthalpie G	$= U - S\frac{\partial U}{\partial S} - V\frac{\partial U}{\partial V}$	$= I - S\frac{\partial I}{\partial S}$	$= U - \frac{S - V\frac{\partial S}{\partial V}}{\frac{\partial S}{\partial U}}$	$= I - \frac{S}{\frac{\partial S}{\partial I}}$
Innere Energie U	$= U$	$= I - p\frac{\partial I}{\partial p}$	= unabh. Variable	$= I + p\frac{\frac{\partial S}{\partial p}}{\frac{\partial S}{\partial I}}$
Enthalpie I	$= U - V\frac{\partial U}{\partial V}$	$= I$	$= U + V\frac{\frac{\partial S}{\partial V}}{\frac{\partial S}{\partial U}}$	= unabh. Variable

§ 19. Der magnetokalorische Effekt

Als Beispiel für die Anwendung der thermodynamischen Funktionen wollen wir die Temperaturänderungen berechnen, die in einem festen Körper infolge der Änderung seines magnetischen Momentes $\mathfrak{j}$ in einem Magnetfeld mit der Feldstärke $\mathfrak{H}$ auftreten. Der Einfachheit halber beschränken wir uns auf isotrope Körper, bei denen $\mathfrak{j}$ parallel $\mathfrak{H}$ ist, und setzen außerdem voraus, daß $\mathfrak{H}$ im ganzen Körper konstant ist. Von den Volumenänderungen bei der Magnetisierung sehen wir ab. Der Betrag j von $\mathfrak{j}$ und die Temperatur T sind dann die wesentlichen Zustandsvariablen.

Zunächst berechnen wir die Arbeit, die dem Körper bei einer Änderung von j zugeführt wird. Wir wollen annehmen, daß das Feld durch den Strom[1]) I in einer langen, dünnen Spule mit der Länge l, der Windungszahl N und dem Querschnitt f erzeugt wird. Der Betrag H der magnetischen Feldstärke ist dann[2])

$$H = \frac{\mathrm{NI}}{\gamma l}\,. \tag{1}$$

Der Körper fülle die Spule vollständig aus. Die magnetische Polarisation hat in diesem Fall den Betrag $|\mathfrak{J}| = \frac{j}{fl}$. Für den Induktionsfluß Φ durch den Spulenquerschnitt ergibt sich

$$\Phi = (\mu_0 H + |\mathfrak{J}|) f = \mu_0 f H + \frac{j}{l}\,. \tag{2}$$

Ist U die Spannung an den Spulenenden, so wird der Spule in der Zeit dt die Arbeit $\mathrm{IU}dt$ zugeführt. Wir wollen annehmen, daß die Spule keinen Ohmschen Widerstand besitzt, denn die damit verbundene Energieumsetzung ist für das Folgende belanglos. Nach dem Induktionsgesetz hat die Spannung dann den Betrag

$$\mathrm{U} = \frac{\mathrm{N}}{\gamma}\frac{d\Phi}{dt}\,. \tag{3}$$

---

1) Die nur in diesem Paragraphen vorkommenden Größen Stromstärke I, Windungszahl N und Spannung U sind nicht zu verwechseln mit der Enthalpie I, der Molekülzahl N und der inneren Energie U.

2) Vgl. W. Döring: Einführung in die theor. Physik II. Das elektromagnetische Feld. Sammlung Göschen Bd. 77, §§ 21 und 25.

Der Spule wird in der Zeit dt demnach die Arbeit

$$(dA)_{\text{Spule}} = \frac{\text{NI}}{\gamma}\, d\Phi = \mu_0 fl \cdot HdH + Hdj \tag{4}$$

zugeführt. Der erste der beiden Summanden ist die Arbeit, die zur Erzeugung des Magnetfeldes benötigt wird und auch in einer leeren Spule auftritt. Der zweite Summand

$$dA = Hdj \tag{5}$$

ist die Arbeit, die dem betrachteten Körper zugeführt wird. Sie ist gleich null, wenn das magnetische Moment konstant gehalten wird. j ist also in diesem Falle Arbeitsvariable. Die freie Energie F ist als Funktion von j und T zu betrachten.

Setzt man (5) in die allgemeine Beziehung (§ 18; 5) ein, so folgt

$$dF = Hdj - SdT. \tag{6}$$

Dieser Ausdruck geht offenbar aus (§ 18; 6) hervor, indem man V durch j und p durch $-H$ ersetzt. Weitere Rechnungen sind daher unnötig, da alle Formeln des vorigen Paragraphen durch diese Umbenennung in entsprechende Formeln für diesen neuen Fall übergehen. So findet man z. B. aus Tab. 1 (Zeile 7, 1 und 8 von Spalte 1)

$$dQ = mc_j dT - T\left(\frac{\partial H}{\partial T}\right)_j dj. \tag{7}$$

Darin ist $c_j = -\frac{T}{m}\frac{\partial^2 F}{\partial T^2}$ die spez. Wärme bei konstanter Magnetisierung.

Vergrößert man an einem thermisch isolierten Körper das magnetische Moment um den kleinen Betrag dj, so ändert sich demnach die Temperatur um

$$dT = \frac{T}{mc_j}\left(\frac{\partial H}{\partial T}\right)_j dj. \tag{8}$$

Da bei höherer Temperatur meist auch ein höheres Feld zur Erzeugung des gleichen magnetischen Momentes notwendig ist, hat $\left(\frac{\partial H}{\partial T}\right)_j$ im allgemeinen positives Vorzeichen. Nur an ferromagnetischen Substanzen ist es manchmal anders. Bei Erhöhung des magnetischen Momentes erwärmt sich also der Körper, bei Verminderung von j kühlt er sich ab. Diese Erscheinung bezeichnet man als den magnetokalorischen Effekt.

Will man nicht j und T, sondern H und T als unabhängige Variablen benutzen, so muß man von der freien Energie F zu der Funktion

$$G = F - Hj = G_{(H,T)} \tag{9}$$

übergehen. Für die Wärmezufuhr bei einer Änderung von T und H liefert Tab. 1, 2. Spalte, dann den Ausdruck

$$dQ = -T\left(\frac{\partial^2 G}{\partial T^2}dT + \frac{\partial^2 G}{\partial T \partial H}dH\right). \tag{10}$$

Da $\frac{\partial G}{\partial H} = -j$ ist und $c_H = -\frac{T}{m}\frac{\partial^2 G}{\partial T^2}$ die spez. Wärme bei konstanter Feldstärke. folgt daraus

$$dQ = mc_H dT + T\left(\frac{\partial j}{\partial T}\right)_H dH. \tag{11}$$

Für den magnetokalorischen Effekt ergibt sich daraus wegen $dQ = 0$ die zweite Formel

$$dT = -\frac{T}{mc_H}\left(\frac{\partial j}{\partial T}\right)_H dH. \tag{12}$$

Man erkennt an ihr, daß bei adiabatischer Erhöhung der Feldstärke immer dann eine Erwärmung auftritt, wenn das magnetische Moment j bei festem H mit wachsender Temperatur abnimmt.

Aus diesen Formeln ergibt sich, daß die magnetokalorischen Temperaturänderungen an paramagnetischen Substanzen bei normalen Temperaturen sehr klein sind. Bei ferromagnetischen Substanzen ändert sich die Magnetisierung in der Nähe des Curiepunktes am stärksten mit der Temperatur. Wegen (12) erreicht man dort die größten Temperaturänderungen. Für Felder bis 20000 Oersted betragen sie etwa 1 Grad. Ebenso groß ist der Effekt an paramagnetischen Substanzen bei sehr tiefen Temperaturen, weil dort die spezifische Wärme sehr klein ist. Mit seiner Hilfe sind die tiefsten bisher erreichten Temperaturen erzeugt worden, und zwar auf folgende Weise: Ein paramagnetisches Salz wird in einem starken Magnetfeld mit flüssigem Helium so tief wie möglich abgekühlt. Wenn man das Helium unter vermindertem Druck sieden läßt, kommt man bis auf etwa 1° absolut herunter. Alsdann wird das Helium abgepumpt, um das Salz thermisch zu isolieren, und das Magnetfeld ausgeschaltet. Dann entmagnetisiert sich die Substanz adiabatisch, und dabei sinkt die Temperatur beträchtlich, bei gewissen Salzen bis auf etwa 10^{-2} Grad und weniger.

Um die Größenordnung der zu erwartenden Effekte abzuschätzen, wollen wir sie für ein ideales paramagnetisches Salz berechnen, bei welchem die atomaren magnetischen Momente frei drehbar sind und keine Wechselwirkung zwischen ihnen besteht. Die statistische Mechanik ergibt, daß dann die magnetische Suszeptibilität $\varkappa$, d. h. der Quotient aus magnetischen Moment j und dem Produkt aus Masse mal $\mu_0 H$ umgekehrt proportional der Temperatur ist:

$$\varkappa = \frac{j}{m \mu_0 H} = \frac{C}{T}. \tag{13}$$

Dieses Gesetz bezeichnet man nach seinem Entdecker als das Curiesche Gesetz.

Allgemein ergibt sich aus (7) für die Änderung dS der Entropie bei einer reversiblen Änderung von T und j

$$dS = \frac{m c_j}{T} dT - \left(\frac{\partial H}{\partial T}\right)_j dj = \frac{\partial S}{\partial T} dT + \frac{\partial S}{\partial j} dj. \tag{14}$$

Wenn das Curiesche Gesetz gilt, ist

$$\left(\frac{\partial H}{\partial T}\right)_j = \frac{H}{T} = \frac{j}{m \mu_0 C}. \tag{15}$$

In (14) ist die Ableitung des Koeffizienten bei dT nach j gleich der Ableitung des Koeffizienten bei dj nach T, denn beide sind gleich $\frac{\partial^2 S}{\partial j \partial T}$. Daher ist in diesem Fall c_j von j unabhängig. Als Nullpunkt der Entropie wählen wir den Zustand bei $T = 0$, in welchem alle atomaren magnetischen Momente parallel ausgerichtet sind und das magnetische Moment den größten möglichen Wert j_∞ besitzt. Integration von (14) liefert dann

$$S = m \int_{T=0}^{T} \frac{c_j}{T} \, dT + \frac{1}{2m\mu_0 C}(j_\infty^2 - j^2). \tag{16}$$

In Wirklichkeit gilt allerdings das Curiesche Gesetz auch bei einem idealen paramagnetischen Salz nicht bis $j = j_\infty$, son-

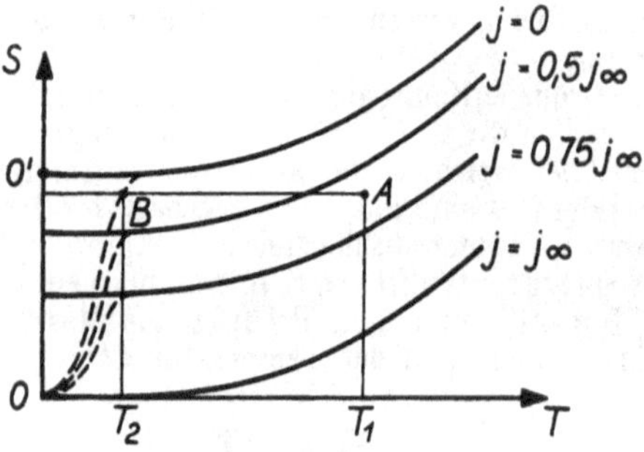

Abb. 8. Die Entropie in Abhängigkeit von T für verschiedene Werte des magnetischen Momentes j bei einem paramagnetischen Körper (Ausgezogene Kurven: Bei Gültigkeit des Curieschen Gesetzes Gestrichelt: Der wirkliche Verlauf; schematisch)

dern nur im Gebiet $j \ll j_\infty$. Daher hat die Konstante in (16) tatsächlich einen etwas anderen Wert, aber das ist für die folgenden qualitativen Betrachtungen belanglos. In elektrisch nichtleitenden Festkörpern ist c_j bei tiefen Temperaturen proportional T^3. Für den ersten Summanden in (16) gilt daher das gleiche. Der Verlauf von S in Abhängigkeit von T für einige Werte von j hat demnach den in Abb. 8 skizzierten Verlauf.

Wenn man das Magnetfeld langsam ausschaltet, so daß sich in jedem Augenblick praktisch thermisches Gleichgewicht einstellt, erfolgt die Änderung der Magnetisierung reversibel. Im thermisch isolierten Salz bleibt dann die

Entropie konstant. Daher wandert der den Zustand darstellende Punkt in Abb. 8 bei einer Änderung des Magnetfeldes auf einer Geraden parallel zur Abzisse. Wenn nun zu Anfang bei der Temperatur T_1 und dem magnetischen Moment $\jmath_1$ der Zustandspunkt in Abb. 8 so liegt wie der Punkt A – und das ist bei den wirklichen Verhältnissen etwa der Fall – dann würde beim Abschalten des Magnetfeldes die Temperatur $T = 0$ bereits erreicht werden, bevor $\jmath = 0$ geworden ist. Das tritt aber in Wirklichkeit nicht ein, weil es keine idealen paramagnetischen Körper gibt. Eine sehr kleine Wechselwirkung zwischen den atomaren magnetischen Momenten ist immer vorhanden und hat zur Folge, daß bei genügend tiefen Temperaturen das Curiesche Gesetz (13) nicht mehr gilt. Der richtige Verlauf von S in Abhängigkeit von T wird etwa durch die gestrichelten Kurven in Abb. 8 wiedergegeben. Bei adiabatischer Entmagnetisierung von dem durch den Punkt A dargestellten Zustand aus kommt man nicht bis $T = 0$, sondern nur bis zu dem durch B dargestellten Zustand mit $\jmath = 0$ und einer kleinen endlichen Temperatur T_2.

Damit erhebt sich das neue Problem, wie man diese Temperatur messen kann. Anfänglich benutzte man als Temperaturmaß die in einem schwachen Wechselfeld gemessene magnetische Suszeptilität $\varkappa_2$ und berechnete aus ihr mit Hilfe des Curieschen Gesetzes (13) eine scheinbare magnetische Temperatur

$$T_2{}^* = \frac{C}{\varkappa_2}\,. \tag{17}$$

Da die adiabatische Entmagnetisierung in einen Temperaturbereich führt, in welchem das Curiesche Gesetz nicht mehr gilt, ist aber diese Größe $T_2{}^*$ nicht gleich der wirklichen Temperatur T_2. Zu deren Messung kann man die thermodynamische Temperaturdefinition heranziehen (vgl. § 10). Man muß dann der Substanz bei der tiefen Temperatur T_2 eine kleine Wärmemenge Q_2 zuführen. Dann ist das Magnetfeld wieder einzuschalten, wodurch die Substanz adiabatisch erwärmt wird, und festzustellen, welche Wärme Q_1 bei der höheren Temperatur T_1 der Substanz entzogen werden müßte, um den Ausgangszustand wieder herzustellen. Nach § 10 ist dann $\frac{T_1}{T_2} = \frac{Q_1}{Q_2}$.

Bei den ersten Messungen dieser Art ging man tatsächlich etwa in dieser Weise vor. Heute bevorzugt man das folgende, mehr indirekte Verfahren. Zunächst wird in der Umgebung der Temperatur T_1, bei der noch normale Temperaturmessungen möglich sind, das magnetische Moment j in Abhängigkeit von H und T gemessen und der Differentialquotient $\left(\frac{\partial H}{\partial T}\right)_j$ bestimmt. Daraus ergibt sich die Entropie in Abhängigkeit von j bei der festen Temperatur T_1, denn nach (14) ist

$$S_{(j,\,T_1)} - S_{(j=0,\,T_1)} = -\int_{j=0}^{j} \left(\frac{\partial H}{\partial T}\right)_j dj. \tag{18}$$

Nun führt man mehrfach eine adiabatische Entmagnetisierung durch, und zwar stets von der gleichen Ausgangstemperatur T_1 aus, aber mit verschiedenen Werten des Anfangsmomentes j_1 und bestimmt die bei $H = 0$ erreichten magnetischen Temperaturen T^*. Da S dabei konstant bleibt, erhält man daraus die Entropie in Abhängigkeit von dem Parameter T^* bei der Feldstärke $H = 0$.

Nach diesen Vorarbeiten erfolgt nun die eigentliche Temperaturmessung, indem man der Substanz nach dem adiabatischen Entmagnetisieren eine kleine Wärmemenge ΔQ zuführt und die dadurch bewirkte Änderung von T^* bestimmt. Daraus ergibt sich die zugehörige Änderung von S und damit die Temperatur wegen

$$\Delta S = \frac{\Delta Q}{T}. \tag{19}$$

§ 20. Die Extremaleigenschaft der Entropie

Der 2. Hauptsatz macht in seiner allgemeinen Formulierung (S. 24) eine Aussage über die Richtung von irreversiblen Prozessen, die in einem abgeschlossenen Körper von selbst ablaufen. Diesen Satz können wir jetzt in folgender Form aussprechen: Bei allen von selbst ablaufenden Prozessen in einem abgeschlossenen Körper nimmt dessen Entropie zu. Denn wenn man den Prozeß irgendwie rückgängig macht, muß man dem Körper Arbeit zuführen und Wärme entziehen. Das gilt auch, wenn man diesen Rückweg reversibel gestaltet und dem Körper dabei nur bei einer einzigen Temperatur T_1 Wärme entzieht. Das läßt sich, mindestens in Gedanken, stets erreichen. Wenn nämlich der Körper bei einem zunächst anders gewählten reversiblen Rückweg die Wärme Q_2 bei der Temperatur T_2 abgibt, so hat man diesem Prozeß nur einen reversiblen Carnotprozeß zu überlagern, bei welchem dem Körper bei der Temperatur T_2 wieder die Wärme Q_2 zugeführt wird und dafür die Wärme $Q_1 = \frac{T_1}{T_2} Q_2$ bei der Temperatur T_1 entzogen wird, und dann ist insgesamt die obige Bedingung erfüllt. Die Entropieänderung auf dem Rückweg ist dann $\int \frac{dQ}{T} = \frac{1}{T_1} \int dQ$, also negativ, weil $\int dQ < 0$ ist und alle absoluten Temperaturen positiv sind.

Wir wollen nun einen Körper betrachten, der thermisch gegen seine Umgebung völlig isoliert ist und ein unveränderliches Gesamtvolumen besitzt, also weder Wärme noch Kompressionsarbeit aufnehmen oder abgeben kann. Alsdann ändern wir die Verhältnisse ein wenig in solcher Weise ab, daß irgendeine Zustandsvariable x, die ursprünglich den festen Wert x_1 hatte, sich nun beliebig verändern kann, ohne daß dabei Arbeit nach außen abgegeben wird. Man sagt in einem solchen Falle auch, x war zunächst eine gehemmte Variable und wird nun freigegeben. Eine Änderung von x kann aber tatsächlich nur eintreten, wenn die Entropie des Körpers dabei zunimmt. Tritt keine Änderung ein, so sagt man, der Körper befinde sich in bezug auf die Variable x im Gleichgewicht. Man kann daher folgenden Satz aussprechen: Ein Körper befindet sich gegenüber Änderungen einer Variablen x in demjenigen Zustand im Gleichgewicht, in welchem seine Entropie in Abhängigkeit von x bei fester innerer Energie U und festem Volumen V ein Maximum besitzt. Wenn sich x in diesem Zustand in beiden Richtungen ändern kann und nicht etwa an der Grenze seines Variabilitätsbereiches liegt, so muß, falls S eine differenzierbare Funktion von x ist, im Gleichgewicht gelten:

$$\left(\frac{\partial S}{\partial x}\right)_{U,V} = 0. \tag{1}$$

Man sieht auch hier wieder, daß die zur Entropie passenden unabhängigen Variablen die innere Energie U und das Volumen V sind (vgl. S. 61).

An zwei Beispielen möge das Wesen dieses Satzes näher erläutert werden. Wir betrachten als erstes ein zylindrisches Gefäß mit dem Volumen V, welches durch einen Kolben in zwei Teile mit den Volumina V_1 und $V_2 = V - V_1$ unterteilt wird (vgl. Abb. 9). In ihnen mögen sich irgendwelche Gasmengen befinden. Wir fragen nun, ob sich V_1 ändert, wenn man den Kolben frei beweglich macht. Die Antwort ist bekannt: V_1 ändert sich solange, bis der Druck in beiden Teilvolumina gleich geworden ist. In dem Spezialfall, daß in dem einen Teilvolumen V_2 kein Gas ist, wächst V_1 bis auf den Wert V des Gesamtvolumens an.

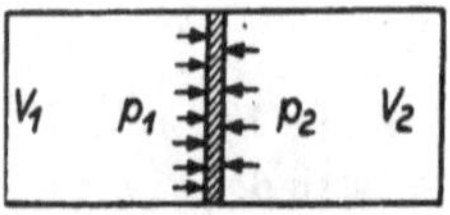

Abb. 9. Zur Anwendung des 2. Hauptsatzes auf den Druckausgleich zwischen zwei Gasmengen

Um dasselbe thermodynamisch abzuleiten, berechnen wir die Entropieänderung bei einer kleinen Änderung von V_1 bei festem U und V. Sind p_1 und p_2 die Drucke in den beiden Teilvolumina, so beträgt die zugeführte Arbeit bei einer kleinen Änderung von V_1 und V_2

$$dA = -p_1 dV_1 - p_2 dV_2. \tag{2}$$

Daher ist

$$dQ = dU + p_1 dV_1 + p_2 dV_2. \tag{3}$$

Wegen $V_2 = V - V_1$ ist allgemein $dV_2 = dV - dV_1$ und daher

$$dS = \frac{dU}{T} + \frac{p_2}{T} dV + \frac{p_1 - p_2}{T} dV_1. \tag{4}$$

Bei festem U und V wird also bei Aufhebung der Hemmung

der Variablen $V_1 = x$ nur dann keine Verschiebung des Kolbens eintreten, wenn

$$\left(\frac{\partial S}{\partial V_1}\right)_{U,V} = \frac{p_1 - p_2}{T} = 0 \tag{5}$$

oder

$$p_1 = p_2 \tag{6}$$

ist. Befindet sich im zweiten Teilvolumen kein Gas, wie beim Versuch von Gay-Lussac, so ist $p_2 = 0$. Dann ist $\left(\frac{\partial S}{\partial V_1}\right)_{U,V}$ immer positiv. Also wächst V_2 bis zu seinem Maximalwert $V_1 = V$.

Dieses triviale Beispiel führt bei näherer Betrachtung aber zu einer wesentlichen Erkenntnis: Auch wenn $p_1 = p_2$ ist, wird der Kolben bei Aufhebung der Hemmung nicht exakt in Ruhe bleiben. Denn die beiden Gase bestehen ja aus einzelnen Molekülen, die in unregelmäßiger Folge auf beiden Seiten gegen ihn stoßen. In Wirklichkeit macht er daher kleine Schwankungen. Die Gleichgewichtsbedingung $p_1 = p_2$ gibt nur seine mittlere Lage an, um die er umso stärker herum schwankt, je kleiner die Molekülzahl der Gase ist. Entsprechendes gilt von der Entropie. Auch diese macht bei Aufhebung der Hemmung unregelmäßige Schwankungen. Der Zustand mit maximaler Entropie ist lediglich derjenige, der mit der größten Wahrscheinlichkeit auftritt. Infolge der molekularen Struktur der Materie kommt es gelegentlich auch vor, daß die Entropie eines abgeschlossenen Körpers abnimmt, aber umso seltener, je größer diese Abnahme ist. Dieser Zusammenhang zwischen Entropie und Wahrscheinlichkeit wird in der statistischen Mechanik eingehend erörtert werden. Je mehr Moleküle die betrachteten Körper enthalten, umso kleiner ist die relative Größe dieser Schwankungen. Daher kann man sie bei makroskopischen Körpern meist vernachlässigen.

Als zweites Beispiel betrachten wir zwei Körper mit verschiedenen Temperaturen T_1 und T_2. Wir fragen, ob eine Zustandsänderung eintritt, wenn eine wärmeleitende Verbindung zwischen ihnen hergestellt wird. Auch hier ist die

Antwort bekannt: Im Gleichgewicht muß $T_1 = T_2$ sein. Ist das nicht der Fall, so kühlt sich der heißere Körper ab und der kältere erwärmt sich. Von dieser Tatsache sind wir ja in § 1 bei der Definition der Temperatur ausgegangen. Wenn man zeigen will, daß sie aus dem obigen Satz folgt, tritt eine formale Schwierigkeit auf: Die Entropie eines Systems von zwei Körpern mit verschiedenen Temperaturen hatten wir bisher nicht erklärt. Die Entropie S wird definiert durch die Beziehung, daß ihre Änderung bei einer kleinen reversiblen Zustandsänderung gleich $\frac{dQ}{T}$ ist. Diese Definition setzt voraus, daß der ganze Körper *eine* Temperatur hat, und versagt daher bei Anwendung auf ein System von zwei Körpern mit verschiedenen Temperaturen.

Die hier notwendige Verallgemeinerung der Definition liegt aber auf der Hand und lautet: Die Änderung der Entropie S eines Systems von zwei Körpern mit verschiedenen Temperaturen T_1 und T_2 ist gleich der Summe der Änderungen der Entropiefunktionen S_1 und S_2 der beiden getrennten Körper

$$dS = dS_1 + dS_2. \tag{7}$$

Zur vollständigen Definition von S muß dann noch irgendwie festgelegt werden, in welchem Zustand $S = 0$ sein soll. Diese Wahl kann man so treffen, daß

$$S = S_1 + S_2 \tag{8}$$

gilt. Das ist zweckmäßig, aber nicht notwendig. Keine physikalische Folgerung wird falsch, wenn man den Nullpunkt von S anders festlegt, so daß (8) nicht gilt. Dieser Hinweis ist notwendig, denn es gibt in der Literatur zahlreiche Scheinbeweise von richtigen physikalischen Gesetzen, die von (8) als von einem Naturgesetz ausgehen. Ihre Fehlerhaftigkeit wird offenbar, sobald man (8) durch eine andere Vereinbarung über den Entropienullpunkt ersetzt. Man macht sich leicht klar, daß für die durch (7) definierte verallgemeinerte Entropiefunktion der vorn bewiesene Satz auch gilt.

Durch geeignete Wahl des Nullpunktes der inneren Energie U kann man auch dafür sorgen, daß U gleich der

Summe der inneren Energien U_1 und U_2 der beiden Körper ist. Als Variable des ganzen Körpers wählen wir nun die innere Energie U_1 und das Volumen V_1 des ersten Körpers sowie die gesamte innere Energie U und das Gesamtvolumen V. Dann ist S_1 nur von U_1 und V_1 abhängig, S_2 nur von $U_2 = U - U_1$ und von $V_2 = V - V_1$. Also gilt

$$dS = \left(\frac{\partial S_1}{\partial U_1} - \frac{\partial S_2}{\partial U_2}\right) dU_1 + \left(\frac{\partial S_1}{\partial V_1} - \frac{\partial S_2}{\partial V_2}\right) dV_1 + \frac{\partial S_2}{\partial U_2} dU + \frac{\partial S_2}{\partial V_2} dV. \tag{9}$$

Stellt man eine wärmeleitende Verbindung zwischen den beiden Körpern her, so wird die Hemmung der Variablen U_1 aufgehoben. Gleichgewicht ist erreicht, wenn

$$\frac{\partial S_1}{\partial U_1} - \frac{\partial S_2}{\partial U_2} = 0 \tag{10}$$

ist. Da nach Tab. 2, 3. Spalte, 2. Zeile, $\frac{\partial S}{\partial U} = \frac{1}{T}$ ist, bedeutet das

$$T_1 = T_2. \tag{11}$$

Ist $T_1 \neq T_2$, so kann eine Änderung von U_1 nur in solcher Richtung erfolgen, daß

$$\left(\frac{\partial S_1}{\partial U_1} - \frac{\partial S_2}{\partial U_2}\right) dU_1 = \left(\frac{1}{T_1} - \frac{1}{T_2}\right) dU_1 > 0 \tag{12}$$

gilt. Ist $T_1 > T_2$, so muß also $dU_1 < 0$ sein. Der heißere Körper gibt also Energie ab, wie es sein muß.

§ 21. Die Extremaleigenschaft der freien Energie

Aus dem 2. Hauptsatz ergibt sich für die freie Energie die folgende Aussage: Bei fester Temperatur T können sich die Zustandsvariablen eines Körpers ohne Arbeitszufuhr nur in solcher Richtung ändern, daß die freie Energie dabei abnimmt. Wenn es nämlich einen Prozeß gäbe, bei welchem bei festem T die freie Energie von dem Wert F_1 auf einen Wert $F_2 > F_1$ ohne Arbeitsaufwand anwächst, so könnte man den Körper auf einem reversiblen isothermen Wege wieder in den Anfangszustand zurückführen. Dabei gibt er Arbeit ab, denn nach (§ 18; 5) ist bei reversiblen, isothermen Prozessen die Änderung der freien Energie gleich der zugeführten Arbeit, in diesem Falle also negativ. Der ganze Prozeß wäre daher ein isothermer Kreisprozeß, bei dem der Körper Arbeit abgibt, also ein Perpetuum mobile 2. Art.

Wenn sich an einem Körper eine Zustandsvariable x bei fester Temperatur und festem Volumen frei ändern kann, ohne daß mit ihrer Änderung eine Arbeitsabgabe verbunden ist, kann sie demnach bei positivem $\left(\frac{\partial F}{\partial x}\right)_{V,\,T}$ nur abnehmen, bei negativem $\left(\frac{\partial F}{\partial x}\right)_{V,\,T}$ nur zunehmen, sofern sie nicht konstant bleibt. Falls x nicht einen Wert am Rande seines Variabilitätsbereiches hat, muß im Gleichgewicht

$$\left(\frac{\partial F}{\partial x}\right)_{V,\,T} = 0 \tag{1}$$

sein.

Wenn diese Gleichgewichtsbedingung erfüllt ist, muß natürlich gleichzeitig auch die früher abgeleitete Gleichgewichtsbedingung $\left(\frac{\partial S}{\partial x}\right)_{V,\,U} = 0$ erfüllt sein. Denn wenn keine Änderung eintritt, ist es gleichgültig, ob bei dem Körper U oder T konstant gehalten wird. Beide Größen ändern sich ja sowieso nicht. Man kann das auch leicht direkt nachrechnen. Aus der Definition (§ 18; 1) der freien Energie folgt

$$S = \frac{U - F}{T}. \tag{2}$$

Darin ist F eine Funktion von V, T und x. Um S als Funktion von U, V und x zu erhalten, muß man die Temperatur T als Funktion von U, V und x ausrechnen und in (2) einsetzen. Versteht man unter T in (2) diese Funktion, so ergibt die Ableitung nach x bei festem U und V

$$\left(\frac{\partial S}{\partial x}\right)_{V,\,U} = -\frac{1}{T}\left(\frac{\partial F}{\partial x}\right)_{V,\,T} + \left[-\frac{U-F}{T^2} - \frac{1}{T}\left(\frac{\partial F}{\partial T}\right)_{V,\,x}\right]\left(\frac{\partial T}{\partial x}\right)_{U,\,V}. \tag{3}$$

Wegen $\frac{\partial F}{\partial T} = -S$ verschwindet die eckige Klammer. Da $1/T$ niemals null ist, folgt also (§ 20; 1) aus (1).

Als Anwendungsbeispiel für diese Minimaleigenschaft der freien Energie wollen wir die Gleichgewichtsverteilung eines idealen Gases im Schwerefeld berechnen. Wir betrachten ein Gefäß, in welchem sich insgesamt N Moleküle befinden. Bezeichnet man mit n die Molekülzahldichte (= Molekülzahl in einem kleinen Teilvolumen ΔV dividiert durch ΔV), so gilt

$$\iiint_V n\,dV = N. \tag{4}$$

n ist im Gleichgewicht nur von der Höhe z abhängig. Für den Druck erhält man aus (§ 3; 5)

$$p = nkT. \tag{5}$$

Bezeichnet man mit m_0 die Molekülmasse, so ist nm_0 die Dichte. Wenn u und s die spez. innere Energie und Entropie bedeuten, beträgt demnach die freie Energie

$$F = \iiint_V nm_0\,[u - Ts]\,dV. \tag{6}$$

Man muß nun diejenige Funktion $n(z)$ suchen, welche F zu einem Minimum macht bei festem N und T. Das ist ein Problem der Variationsrechnung. In dem vorliegenden einfachen Fall kann man es aber auch ohne Vorkenntnisse auf diesem Gebiet lösen. Zunächst sieht man, daß man in (6) in der eckigen Klammer alle nicht von n und z abhängigen Summanden fortlassen kann, weil sie wegen (4) nur einen von $n(z)$ unabhängigen Beitrag zu F liefern. Setzt man (5) in die Formel (§ 14; 13) für die spez. Entropie eines idealen Gases ein und faßt alle von n unabhängigen Summanden zu einer Konstanten C zusammen, so ergibt sich

$$s = -R\ln n(z) + C. \tag{7}$$

Bei u muß man natürlich die spez. potentielle Energie im Schwerefeld mitberücksichtigen. Diese beträgt pro Masseneinheit gz (g = Fallbeschleunigung). Die übrigen Anteile von u sind in einem idealen Gase nur von T abhängig und können fortgelassen werden. Berücksichtigt man noch die Beziehung (§ 3; 4) $k = m_0 R$, so erhält man als Extremalbedingung

$$J = \iiint_V n(z)\,[m_0 gz + kT\ln n(z)]\,dV = \text{Minimum} \tag{8}$$

bei festem Volumenintegral über $n(z)$. Ist $n_0(z)$ die Dichteverteilung, bei der das Minimum erreicht wird, so kann man jede andere Dichteverteilung, welche (4) erfüllt, in der Form schreiben

$$n(z) = n_0(z) + x f(z). \tag{9}$$

Dabei ist x ein von z unabhängiger Parameter und $f(z)$ eine Funktion, deren Volumenintegral verschwindet:

$$\iiint_V f(z)\, dV = 0. \tag{10}$$

Setzt man nun (9) in (8) ein, so erhält man ein von dem Parameter x abhängiges Integral $J(x)$, welches wegen der Extremalbedingung (8) bei $x = 0$ ein Minimum besitzt, also $\frac{dJ}{dx} = 0$ erfüllt für alle $f(z)$, die (10) genügen. Da $\frac{\partial n(z)}{\partial x} = f(z)$ ist, folgt daraus bei Beachtung von (10) die Gleichung

$$\iiint_V f(z)\,[m_0 g z + kT \ln n_0(z)]\, dV = 0. \tag{11}$$

Diese ist offenbar erfüllt, wenn der Ausdruck in der eckigen Klammer gleich einer Konstanten ist. Wenn das nicht der Fall ist, führt sie bei geeigneter Wahl von $f(z)$ zu einem Widerspruch. Multipliziert man nämlich die Gleichung (10) mit irgendeiner Konstanten λ und subtrahiert sie von (11), so ergibt sich

$$\iiint_V f(z)\,[m_0 g z + kT \ln n_0(z) - \lambda]\, dV = 0. \tag{12}$$

Nun setzen wir λ gleich dem Mittelwert von $[m_0 g z + kT \ln n_0]$. Dann gilt

$$\iiint_V [m_0 g z + kT \ln n_0 - \lambda]\, dV = 0. \tag{13}$$

Der Integrand dieses Integrals erfüllt also die Bedingung (10). Man kann daher $f(z)$ ihm gleich setzen. Für dieses $f(z)$ ergibt sich aber aus (12)

$$\iiint_V [m_0 g z + kT \ln n_0(z) - \lambda]^2 dV = 0, \tag{14}$$

und das ist nur möglich, wenn der Integrand überall verschwindet, denn er wird niemals negativ. Führt man für λ die neue Bezeichnung $kT \ln A$ ein, so erhält man daraus für die Gleichgewichtsverteilung

$$m_0 g z + kT \ln n_0(z) = \lambda = kT \ln A$$

oder

$$n_0(z) = A e^{-\frac{m_0 g z}{kT}}. \tag{15}$$

Diese Gleichung bezeichnet man als die barometrische Höhenformel. Man kann sie auch aus den Gleichgewichtsbedingungen der Mechanik ohne Benutzung des 2. Hauptsatzes ableiten.

V. Chemische Thermodynamik

§ 22. Die Reaktionslaufzahl

Die chemische Thermodynamik befaßt sich mit der Anwendung der thermodynamischen Gesetze auf chemische Reaktionen im allgemeinsten Sinne, also nicht nur auf Vorgänge, bei denen sich chemische Substanzen ineinander umwandeln, sondern auch auf solche, bei denen sie ohne Änderung ihrer chemischen Beschaffenheit von einer Phase in eine andere übergehen. Unter verschiedenen Phasen versteht man allgemein räumlich getrennte Gebiete eines Körpers, die sich voneinander durch ihre chemische Beschaffenheit oder durch die Werte einiger spezifischer Größen wie Dichte, elektrische Leitfähigkeit, innere Reibung usw. unterscheiden. Jede Phase ist also in sich homogen. Zwischen verschiedenen Phasen liegen schmale Übergangszonen, die allgemein als Oberflächen bezeichnet werden. In ihnen ändern sich die spez. Zustandsgrößen sehr rasch mit dem Ort. Man ersetzt die Oberflächen oft idealisierend durch mathematische Flächen, an denen die Zustandsgrößen unstetig springen, was in Wahrheit nicht zutrifft. Phasenumwandlungen wie Schmelzen, Verdampfen, Sublimieren, Änderungen der Gitterstruktur von festen Körpern, Auflösen in einem Lösungsmittel usw. sollen im folgenden mit zu den chemischen Reaktionen gezählt werden.

Bei der Anwendung der thermodynamischen Gesetze auf sie ist einige Vorsicht in der Wahl der Variablen geboten. Die Thermodynamik macht nur Aussagen über das Verhalten eines Körpers beim Austausch von Arbeit und Wärme mit seiner Umgebung, aber keine über die Vorgänge, die beim Hinzufügen oder Fortnehmen von Materie auftreten. Dementsprechend bezeichnet man als thermodynamische Variable eines Körpers nur solche Größen, die durch Arbeits- und Wärmezufuhr geändert werden können, also z. B. die Temperatur und das Volumen, aber nicht die Masse eines Körpers. Die in §§ 5 und 13 gegebenen Definitionen der inneren Energie und Entropie enthalten nur Aussagen über ihre Abhängigkeit von thermodynamischen Variablen. Ihre Abhängigkeit von einer thermodynamisch nicht veränderlichen Größe wie der Masse ist daher im Prinzip wegen der Freiheit in der Wahl des Nullpunktes noch weitgehend willkürlich.

Nach diesen Vorbemerkungen betrachten wir nun eine chemische Reaktion, z. B. die Knallgasreaktion mit der Gleichung

$$2\,H_2 + O_2 \rightarrow 2\,H_2O\,. \qquad (1)$$

Wenn die Temperatur so hoch ist, daß alle Bestandteile in Gasform vorliegen, ist der Zustand des Gasgemisches durch seine Temperatur T, das Volumen V des Reaktionsgefäßes und die Massen m_1, m_2, m_3 des in ihm enthaltenen Wasserstoffs, Sauerstoffs und Wasserdampfes gegeben. Diese Massen m_1, m_2, m_3 einzeln sind keine thermodynamischen Variablen im obigen Sinne, wohl aber hängen sie von einer solchen ab. Wenn anfangs wenig Wasserdampf vorhanden und die Temperatur so niedrig ist, daß die Reaktion praktisch gehemmt ist, braucht man nur zu zünden, d. h. lokal stark zu erwärmen, und dann verbrennt der Wasserstoff. m_3 wächst dann, m_1 und m_2 nehmen ab, und zwar in einem Prozeß, der nur von Arbeits- und Wärmezu- oder abfuhr begleitet ist.

Fortan wollen wir jedes chemische Symbol in einer Reaktionsgleichung so, wie es in der Chemie üblich ist, als Kennzeichen für eine Substanzmenge mit der Masse 1 Mol ansehen. In (1) soll z. B. H_2 Wasserstoffgas mit der Masse $\mathsf{M}_1 = 2$ g bedeuten, O_2 entsprechend Sauerstoffgas mit der Masse $\mathsf{M}_2 = 32$ g und H_2O Wasserdampf mit der Masse $\mathsf{M}_3 = 18$ g. Wenn die Massen dieser Gase in einem Anfangszustand a_1, a_2, a_3 betrugen, haben sie nach λ-maligem Ablaufen der Reaktion (1) von links nach rechts die Werte

$$m_1 = a_1 - 2\lambda \mathsf{M}_1;\; m_2 = a_2 - \lambda \mathsf{M}_2;\; m_3 = a_3 + 2\lambda \mathsf{M}_3\,. \qquad (2)$$

Die Größe λ in diesen Gleichungen wird als Reaktionslaufzahl bezeichnet. Sie ist eine thermodynamische Variable, die Massen m_1, m_2 und m_3 nicht. Betrachtet man nun die thermodynamischen Funktionen in Abhängigkeit von T, V und λ, so lassen sich aus den besprochenen Gesetzen sofort eine Reihe von Aussagen über das Verhalten der Reaktion ziehen. Das soll in den nächsten Paragraphen erörtert werden.

In der physikalischen Chemie ist es üblich, nicht die Massen m_i der beteiligten Substanzen, sondern ihre Molzahlen $\mathfrak{n}_i = \frac{m_1}{\mathfrak{M}_1}$ zu verwenden. Dann nehmen die Gleichungen (2) die Gestalt an

$$\mathfrak{n}_1 = \frac{a_1}{\mathfrak{M}_1} - 2\lambda; \quad \mathfrak{n}_2 = \frac{a_2}{\mathfrak{M}_2} - \lambda; \quad \mathfrak{n}_3 = \frac{a_3}{\mathfrak{M}_3} + 2\lambda. \tag{3}$$

Aus diesen Formeln für die spezielle Reaktionsgleichung (1) liest man sofort die folgende allgemeine Regel ab: Die Änderung der Molzahl eines Stoffes bei der Reaktion ist gleich der Änderung der Reaktionslaufzahl λ mal derjenigen ganzen Zahl ν_i, mit der sein chemisches Symbol in der Reaktionsgleichung multipliziert ist, und zwar mit positivem Vorzeichen, wenn dieses auf der rechten Seite der Gleichung steht, mit negativem, wenn es links steht. In obigem Beispiel ist $\nu_1 = -2$, $\nu_2 = -1$, $\nu_3 = 2$. Vom theoretischen Standpunkt aus wäre es sinnvoller, nicht mit dem Nebenbegriff der Molzahl, sondern mit der Molekülzahl zu operieren. Wir schließen uns hier der in der physikalischen Chemie üblichen Darstellungsweise an, um zugleich zum Ausdruck zu bringen, daß die Thermodynamik nicht für Körper aus wenigen Molekülen gilt.

Wenn in dem betrachteten Körper mehrere Reaktionen ablaufen können, muß man vor Einführung der Reaktionslaufzahlen erst eine bestimmte Auswahl von unabhängigen Reaktionen treffen. Betrachtet man z. B. ein Gasgemisch, in welchem außer H_2, O_2 und H_2O noch CO und CO_2 auftreten, so kann neben der Wasserstoffverbrennung (1) auch noch die Kohlenoxydverbrennung ablaufen:

$$2CO + O_2 \to 2CO_2\,. \tag{4}$$

Man könnte versucht sein, als dritte Reaktion auch noch die Wassergasreaktion zu betrachten:

$$CO_2 + H_2 \to CO + H_2O\,. \tag{5}$$

Ein zweimaliger Ablauf dieser Reaktion entspricht aber einem einmaligen Ablauf der Reaktion (1) von links nach rechts und der Reaktion (4) von rechts nach links. (5) ist also eine Kombination der Reaktionen (1) und (4). Im vorliegenden Fall treten daher nur zwei Reaktionslaufzahlen auf, nicht etwa drei.

§ 23. Die Temperaturabhängigkeit der Reaktionswärme

Wenn man eine Reaktion in einer Kalorimeterbombe irreversibel bei konstantem Volumen ablaufen läßt, wird keine Arbeit abgegeben oder zugeführt. Die abgegebene Wärme ist also gleich der Abnahme der inneren Energie. Unter der Reaktionswärme W_v versteht man die unter diesen Bedingungen abgegebene Wärme bei einmaliger Umsetzung der in der Reaktionsgleichung stehenden Substanzmenge, also bei Zunahme der Reaktionslaufzahl um 1. Da im Kalorimeter die Temperatur praktisch konstant bleibt, ist

$$\mathsf{W}_v = -\left(\frac{\partial U}{\partial \lambda}\right)_{V,\,T}. \tag{1}$$

Der Name Reaktionswärme oder Wärmetönung für diese Größe ist manchmal irreführend, denn die Änderung der inneren Energie tritt nur bei irreversiblem Reaktionsablauf ohne Arbeitsleistung als Wärme in Erscheinung. Bei reversiblem Reaktionsablauf beruht meist der größte Teil der Energieänderung auf Abgabe von Arbeit.

Die Ableitung von W_v nach der Temperatur bei festem Volumen beträgt

$$\left(\frac{\partial \mathsf{W}_v}{\partial T}\right)_v = -\frac{\partial^2 U}{\partial \lambda \partial T} = -\frac{\partial}{\partial \lambda}\left(\frac{\partial U}{\partial T}\right). \tag{2}$$

Die Größe $\frac{\partial U}{\partial T}$, die bei festem λ, also konstanter chemischer Zusammensetzung zu bilden ist, bedeutet bei einem homogenen Körper nach (§ 6; 11) das Produkt aus Masse und spez. Wärme. Bei einer Mischung idealer Gase und bei Stoffen, die in verschiedenen Phasen vorliegen, ist die innere Energie bei geeigneter Wahl des Nullpunktes gleich der Summe der inneren Energien der getrennten Bestandteile bei der gleichen

Temperatur. Daher gilt das entsprechende für die spez. Wärme. Speziell für die Knallgasreaktion mit drei beteiligten Substanzen gilt daher

$$\frac{\partial U}{\partial T} = m_1 c_{v1} + m_2 c_{v2} + m_3 c_{v3}. \tag{3}$$

Da nach (§ 22; 2)

$$\frac{\partial m_1}{\partial \lambda} = -2\mathsf{M}_1, \quad \frac{\partial m_2}{\partial \lambda} = -\mathsf{M}_2, \quad \frac{\partial m_3}{\partial \lambda} - 2\mathsf{M}_3 \tag{4}$$

gilt, erhält man beim Einsetzen von (3) und (4) in (2)

$$\left(\frac{\partial \mathsf{W}_v}{\partial T}\right)_v = 2\mathsf{M}_1 c_{v1} + \mathsf{M}_2 c_{v2} - 2\mathsf{M}_3 c_{v3} \tag{5}$$

oder bei Benutzung der durch (§ 2; 3) definierten Molwärmen

$$\left(\frac{\partial \mathsf{W}_v}{\partial T}\right)_v = 2\mathsf{C}_{v1} + \mathsf{C}_{v2} - 2\mathsf{C}_{v3}. \tag{6}$$

Die hier auftretenden Koeffizienten sind dieselben wie in der Reaktionsgleichung (§ 22; 1) mit positiven Vorzeichen für die links stehenden Substanzen, mit negativem für die rechts stehenden. Mit Benutzung der auf S. 81 definierten Koeffizienten ν_i lautet diese Gleichung allgemein

$$\left(\frac{\partial \mathsf{W}_v}{\partial T}\right)_v = -\sum_i \nu_i \mathsf{C}_{vi}. \tag{7}$$

Diese Beziehung bezeichnet man als die Kirchhoffsche Gleichung.

Wenn die Reaktion nicht in einem geschlossenen Gefäß abläuft, sondern so wie die Verbrennung im Bunsenbrenner bei konstantem Druck, erhält man einen anderen Wert W_p für die abgegebene Wärme bei Änderung der Reaktionslaufzahl um 1, weil dann infolge der Volumenänderung bei der Reaktion Arbeit abgegeben wird. Für die Änderung der inneren Energie erhält man in diesem Fall

$$\left(\frac{\partial U}{\partial \lambda}\right)_{p,T} = -\mathsf{W}_p - p\left(\frac{\partial V}{\partial \lambda}\right)_{p,T}. \tag{8}$$

Für die Enthalpie $I = U + pV$ ergibt sich daraus

$$\left(\frac{\partial I}{\partial \lambda}\right)_{p,\,T} = -\mathsf{W}_p. \tag{9}$$

Da I entsprechenden Beziehungen genügt wie die innere Energie U, nur mit C_p statt C_v (vgl. § 16; 3 und 4), folgt aus (9) genau wie oben

$$\left(\frac{\partial \mathsf{W}_p}{\partial T}\right)_p = -\sum_i \nu_i \mathsf{C}_{pi}. \tag{10}$$

Man kann diese Gleichung auch aus (7) ableiten. Für ideale Gase ist das besonders einfach, weil bei diesen die innere Energie vom Volumen unabhängig ist. Daher ist dann die Änderung der inneren Energie beim Reaktionsablauf bei konstantem Druck und konstantem Volumen gleich. Aus (1) und (8) ergibt sich dann

$$\mathsf{W}_v = \mathsf{W}_p + p\left(\frac{\partial V}{\partial \lambda}\right)_{p,\,T}. \tag{11}$$

Speziell für die Knallgasreaktion (§ 22; 1) ergibt sich mit Benutzung der Molzahlen n_1, n_2, n_3 aus der idealen Gasgleichung in der Form (§ 3; 13)

$$pV = (\mathsf{n}_1 + \mathsf{n}_2 + \mathsf{n}_3)\mathsf{R}_0 T. \tag{12}$$

Wegen (§ 22; 3) folgt daraus

$$p\left(\frac{\partial V}{\partial \lambda}\right)_{p,\,T} = \left(\frac{\partial \mathsf{n}_1}{\partial \lambda} + \frac{\partial \mathsf{n}_2}{\partial \lambda} + \frac{\partial \mathsf{n}_3}{\partial \lambda}\right)\mathsf{R}_0 T = -\mathsf{R}_0 T \tag{13}$$

und somit

$$\mathsf{W}_v = \mathsf{W}_p - \mathsf{R}_0 T. \tag{14}$$

Bei Reaktionen zwischen idealen Gasmischungen und festen Substanzen kann man das Volumen der festen Stoffe meist als klein vernachlässigen. Dann ist $p\left(\frac{\partial V}{\partial \lambda}\right)_{p,T}$ gleich $\mathsf{R}_0 T$ mal der Summe der ν_i-Werte der gasförmigen Reaktionsteilnehmer und daher

$$\mathsf{W}_v = \mathsf{W}_p + \mathsf{R}_0 T \cdot \sum_{\text{Gase}} \nu_i. \tag{15}$$

Da nach (§ 6; 6) bei Beachtung von (§ 2; 3) und (§ 3; 12)

$$C_p - C_v = R_0 \tag{16}$$

gilt, folgt beim Einsetzen von (15) in (7) sofort (10).

Man beachte, daß in (10) die Ableitung von W_p nach T bei konstantem Druck steht. Für die Schmelzwärme, Verdampfungswärme und andere Umwandlungswärmen bei Phasenübergängen gilt diese Gleichung daher nicht, denn bei diesen ist der Druck eine Funktion der Temperatur und kann bei Änderung der Temperatur nicht konstant gehalten werden. Die kompliziertere Formel für die Ableitung der Umwandlungswärme einer bei konstantem Druck ablaufenden Umwandlung nach der Temperatur längs der Gleichgewichtskurve hatten wir bereits auf anderem Wege in (§ 15; 4) erhalten. Eine ähnlich gebaute Formel gilt auch für die Reaktionswärme einer Reaktion, bei der nur eine der beteiligten Substanzen gasförmig ist wie z. B. diejenige des Kalkbrennens

$$CaCO_3 \rightarrow CaO + CO_2. \tag{17}$$

§ 24. Der Arbeitskoeffizient einer Reaktion

Die Änderung der inneren Energie bei einer chemischen Reaktion kann man durch Messung der Wärmeentwicklung bei irreversiblem Ablauf unter konstantem Druck oder konstantem Volumen experimentell bestimmen. Viel wichtiger ist aber die Kenntnis der Änderung der freien Energie F, denn sie bestimmt die Richtung des Reaktionsablaufes bei Aufhebung der Reaktionshemmung und den Gleichgewichtszustand, in welchem sie zur Ruhe kommt. Nach § 21 muß nämlich bei konstanter Temperatur und konstantem Volumen die freie Energie stets abnehmen und im Gleichgewicht ein Minimum erreichen. Bei Aufhebung der Reaktionshemmung läuft also die Reaktion so weit, bis

$$\left(\frac{\partial F}{\partial \lambda}\right)_{T,\,V} = 0 \tag{1}$$

ist. Dabei ist nur der Sonderfall auszunehmen, daß in diesem Endzustand eine der beteiligten Substanzen vollständig verschwunden ist, so daß sich die Reaktionslaufzahl λ nicht weiter ändern kann. Da in Wirklichkeit stets minimale Reste der Ausgangssubstanzen übrigbleiben, tritt dieser Sonderfall praktisch nicht ein.

Die negative Ableitung der freien Energie nach λ bei festem T und V bezeichnet man als den Arbeitskoeffizienten der Reaktion:

$$\mathsf{K} = -\left(\frac{\partial F}{\partial \lambda}\right)_{T,\,V}. \tag{2}$$

Nach (§ 18; 5) ist die Änderung der freien Energie bei reversiblen und isothermen Zustandsänderungen gleich der zugeführten Arbeit. Wenn also die Reaktionslaufzahl bei festem T und V reversibel um $d\lambda$ anwächst, wird dabei die Arbeit $\mathsf{K}d\lambda$ abgegeben. Bei nicht reversiblem Ablauf der Reaktion ist die abgegebene Arbeit kleiner. Daher wird K manchmal auch als die maximale Arbeit oder Arbeitstönung der Reaktion bezeichnet. Ist K positiv, so kann λ bei Aufhebung der Reaktionshemmung ohne Arbeitszufuhr nur wachsen, bei negativem K nur abnehmen. Im Gleichgewicht ist $\mathsf{K} = 0$. Van't Hoff bezeichnete K als Maß der chemischen Affinität der reagierenden Substanzen.

In manchen Fällen kann man K unmittelbar messen, z. B. bei einem reversibel arbeitenden galvanischen Element wie dem Akkumulator. Die Ladung, welche das Element bei einer Zunahme der Reaktionslaufzahl der stromliefernden Reaktion um 1 durchfließt, sei etwa q. Sie ist stets ein Vielfaches der Faradayschen Äquivalentladung, je nach der Wertigkeit der beteiligten Ionen und der in der Reaktionsgleichung angegebenen Substanzmenge, und ist bei bekannter Reaktion bekannt. Ist nun E die Spannung des Elementes, so beträgt die abgegebene Arbeit bei Zunahme von λ um $d\lambda$ gerade $E\mathsf{q}\,d\lambda$. Also gilt

$$\mathsf{K} = E \cdot \mathsf{q}. \tag{3}$$

In den meisten Fällen ist aber K nicht meßbar. Wir suchen deshalb K thermodynamisch zu berechnen. Nach (§ 18; 9) ist allgemein

$$U = F - T\frac{\partial F}{\partial T}. \tag{4}$$

Differentiation dieser Gleichung nach λ bei festem V und T liefert bei Beachtung von (§ 23; 1) und (2)

$$\mathsf{W}_v = \mathsf{K} - T\left(\frac{\partial \mathsf{K}}{\partial T}\right)_{V,\,\lambda} \tag{5}$$

oder

$$\frac{\partial}{\partial T}\left(\frac{\mathsf{K}}{T}\right)_{V,\,\lambda} = -\frac{\mathsf{W}_v}{T^2}\,. \tag{6}$$

Wenn also K als Funktion von T bekannt ist, folgt daraus die Reaktionswärme W_v. Die Bestimmung von K bei bekanntem W_v erfordert dagegen eine Integration.

Manchmal ist es bequemer, statt (6) die analoge Beziehung zwischen K und W_p zu benutzen. Der Arbeitskoeffizient K ist auch gleich der negativen Ableitung der freien Enthalpie nach λ bei festem T und p:

$$\mathsf{K} = -\left(\frac{\partial G}{\partial \lambda}\right)_{p,\,T} \tag{7}$$

Zum Beweis berechnen wir die Änderung von $G = F + pV$ bei einer kleinen Änderung der Variablen:

$$dG = dF + p\,dV + V\,dp\,. \tag{8}$$

Nach (§ 18; 7 und 8) und (2) ist

$$dF = -p\,dV - \mathsf{K}\,d\lambda - S\,dT\,. \tag{9}$$

Einsetzen von (9) in (8) ergibt

$$dG = V\,dp - \mathsf{K}\,d\lambda - S\,dT\,. \tag{10}$$

Daraus liest man sofort die Richtigkeit der Behauptung (7) ab.

Nach Tab. 1, 3. Spalte (S. 62) ist

$$I = G - T\left(\frac{\partial G}{\partial T}\right)_p\,. \tag{11}$$

Differenziert man diese Gleichung nach λ, so ergibt sich mit (§ 23; 9) und (7) ebenso wie oben

$$\frac{\partial}{\partial T}\left(\frac{\mathsf{K}}{T}\right)_{p,\,\lambda} = -\frac{\mathsf{W}_p}{T^2}\,. \tag{12}$$

§ 25. Der Nernstsche Wärmesatz

Die Integration der Differentialgleichungen (§ 24; 6 und 12) für K wollen wir hier zunächst für eine Reaktion durchführen, an der nur feste und flüssige Substanzen beteiligt sind. In solchen sog. „kondensierten Systemen" kann man den Unterschied zwischen W_v und W_p vernachlässigen und die Ableitungen bei konstantem V und p als identisch ansehen. Läßt man die Indizes p und v fort, so lautet die Gleichung (§ 24; 6 und 12)

$$\frac{\partial}{\partial T}\left(\frac{\mathsf{K}}{T}\right) = -\frac{\mathsf{W}}{T^2}. \tag{1}$$

Das unbestimmte Integral über W/T^2 formen wir durch partielle Integration folgendermaßen um:

$$\int \frac{\mathsf{W}}{T^2}\,dT = -\frac{\mathsf{W}}{T} + \int \frac{1}{T}\left(\frac{\partial \mathsf{W}}{\partial T}\right)_\lambda dT. \tag{2}$$

Nach (§ 23; 7 und 10) ist $\left(\frac{\partial \mathsf{W}}{\partial T}\right)_\lambda$ gleich einer Linearkombination der spez. Wärmen und verschwindet daher bei festen und flüssigen Substanzen bei $T = 0$. Das Integral auf der rechten Seite von (2) konvergiert demnach am absoluten Nullpunkt, so daß wir als seine untere Grenze $T = 0$ setzen können. Bezeichnet man die Integrationskonstante mit $-\mathsf{B}$, so ergibt sich aus (1) nach Integration und Multiplikation mit T

$$\mathsf{K} = \mathsf{W} - T\int_{T=0}^{T} \frac{1}{T}\left(\frac{\partial \mathsf{W}}{\partial T}\right)_\lambda dT + \mathsf{B}\cdot T. \tag{3}$$

Differentiation dieser Gleichung nach T liefert

$$\left(\frac{\partial \mathsf{K}}{\partial T}\right)_\lambda = -\int_{T=0}^{T} \frac{1}{T}\left(\frac{\partial \mathsf{W}}{\partial T}\right)_\lambda dT + \mathsf{B}. \tag{4}$$

Die Integrationskonstante B ist also gleich der Ableitung $\left(\frac{\partial \mathsf{K}}{\partial T}\right)_\lambda$ am absoluten Nullpunkt.

Nach (3) ist bei $T = 0$ der Arbeitskoeffizient K gleich der Reaktionswärme W. Das bedeutet: Die Abnahme der inneren Energie ist bei reversiblem Ablauf der Reaktion am absoluten Nullpunkt gleich der abgegebenen Arbeit. Reversible Prozesse in kondensierten Phasen laufen also bei $T = 0$ ohne Wärmeaustausch mit der Umgebung ab.

Nernst fand nun bei der Bestimmung von K aus der Spannung von galvanischen Elementen, daß die Beziehung $\mathsf{K} = \mathsf{W}$ nicht nur am absoluten Nullpunkt, sondern oft noch ziemlich weit herauf bis hin zur Zimmertemperatur nahezu erfüllt ist. Das führte ihn zu der Vermutung, daß nicht nur die Differenz $\mathsf{K} - \mathsf{W}$, sondern auch noch ihre Ableitung nach T am absoluten Nullpunkt verschwindet. Da bei $T = 0$ in festen und flüssigen Phasen $\left(\frac{\partial \mathsf{W}}{\partial T}\right)_\lambda = 0$ ist, bedeutet das:

$$\left(\frac{\partial \mathsf{K}}{\partial T}\right)_{T = 0} = \mathsf{B} = 0. \qquad (5)$$

Nach (§ 24; 2) ist $\mathsf{K} = -\frac{\partial F}{\partial \lambda}$ und nach (§ 18; 8) $S = -\frac{\partial F}{\partial T}$. Also ist (5) gleichbedeutend mit

$$\left(\frac{\partial S}{\partial \lambda}\right)_{T = 0} = 0. \qquad (6)$$

Nernst gelangte auf diese Weise zu dem Satz: Bei Reaktionen in festen und flüssigen Phasen ändert sich am absoluten Nullpunkt die Entropie nicht.

Dieser Satz hat sich allgemein als richtig herausgestellt. Er wird oft als der dritte Hauptsatz der Thermodynamik bezeichnet. Er besagt mehr als die obige Feststellung, daß bei reversiblen Prozessen bei $T = 0$ kein Wärmeaustausch stattfindet, denn wenn im Limes $T \to 0$ auch $dQ \to 0$ geht, braucht trotzdem der Quotient $\frac{dQ}{T}$ nicht gegen null zu gehen.

Aus der statistischen Mechanik ergibt sich, daß der Nernstsche Wärmesatz nicht nur für Reaktionen in festen und flüssigen Phasen gilt, sondern auch für Reaktionen, an denen Gase beteiligt sind, aber nur bei Berücksichtigung der Abweichungen von der idealen Gasgleichung, welche bei sehr tiefen Temperaturen infolge der quantenmechanischen Eigenschaften der Moleküle auftreten. Diese als Gasentartung bezeichnete Erscheinung kann man experimentell an Gasen nicht nachweisen, weil bei den praktisch verwendbaren Drucken alle Gase infolge der Anziehungskräfte zwischen den Molekülen kondensieren, bevor man beim Abkühlen in das Gebiet merklicher Gasentartung gelangt. Die anomalen Eigenschaften des flüssigen Heliums und der freien Elektronen in Metallen hängen aber damit zusammen. Theoretisch ergibt sich die Richtigkeit der obigen Aussage folgendermaßen: Mit den Hilfsmitteln der Quantenstatistik kann man die spez. Entropie eines Gases und daher auch die Entropiekonstante s_0' berechnen (vgl. §14). Dabei pflegt man die Entropie des Gases bei $T = 0$ gleich null zu setzen. Wählt man andererseits den festen Zustand bei $T = 0$ zum Entropienullpunkt, so ergibt sich der Wert dieser Konstanten nach (§ 14; 14) aus der Dampfdruckformel. Beide Ergebnisse stimmen überein, d. h. die Entropie des festen und gasförmigen Zustandes bei $T = 0$ sind gleich. Eine Reaktion zwischen Gasen am absoluten Nullpunkt kann man nun in Gedanken so durchführen, daß man die Gase erst kondensiert und dann die Reaktion im festen Zustand ablaufen läßt. Bei Berücksichtigung der Gasentartung bleibt bei dem ersten Prozeß die Entropie unverändert und nach dem Nernstschen Satz auch bei dem zweiten. Also bleibt sie auch bei Reaktionen zwischen Gasen unverändert.

Voraussetzung für die Gültigkeit des Nernstschen Satzes ist aber, daß die Substanzen im thermischen Gleichgewicht sind. Das ist bei festen Stoffen oft nicht der Fall, weil bei ihnen die Beweglichkeit der Atome im Gitter mit abnehmender Temperatur rasch abnimmt, so daß die Einstellung des Gleichgewichtes sehr lange Zeiten, Jahrhunderte oder gar Jahrmillionen benötigen würde. Z. B. ist aus diesem Grunde der Übergang von amorphem Glas in den kristallisierten Zustand auch am absoluten Nullpunkt mit einer Entropieabnahme verbunden, denn der amorphe Zustand ist nicht im Gleichgewicht.

In vielen Büchern wird der Nernstsche Wärmesatz in folgender Form ausgesprochen: Die Entropie aller Körper am absoluten Nullpunkt ist gleich null. Hierzu ist zu bemerken: Der Zustand, in welchem $S = 0$ sein soll, kann bei jedem Körper willkürlich gewählt werden. Setzt man in einem Zustand bei $T = 0$ auch $S = 0$, so verschwindet die Entropie nach dem Nernstschen Satz in jedem anderen Gleichgewichtszustand bei $T = 0$. Dann ist obiger Satz richtig. Wählt man den Entropienullpunkt anders, so ist er falsch.

Die obige Wahl des Entropienullpunktes, $S = 0$ bei $T = 0$, ist manchmal zweckmäßig, oft aber auch nicht. Ein Beispiel möge das erläutern. Bei einem paramagnetischen Körper, der dem Curieschen Gesetz (§ 19; 13) genügt, nimmt nach (§ 19; 16) die Entropie beim Magnetisieren bei konstanter Temperatur um einen nur vom magnetischen Moment j abhängigen Betrag ab. Die Änderung von j kann man auch als Reaktion betrachten, die nach dem Nernstschen Satz bei $T = 0$ ohne Entropieänderung verläuft. Bei Annäherung an $T = 0$ müssen also Abweichungen vom Curieschen Gesetz auftreten. Sie haben zur Folge, daß die Kurven für die Entropie als Funktion von T bei konstantem j nicht so wie die ausgezogenen Kurven in Abb. 8 (siehe S. 68) verlaufen, sondern etwa wie die gestrichelten.

Das gilt nicht nur für denjenigen Beitrag zur Magnetisierung, der von den magnetischen Momenten der Elektronenhüllen der Atome herrührt, sondern auch für den Beitrag der magnetischen Momente der Atomkerne. Die magnetische Wirkung der Atomkerne ist zwar sehr klein, aber die Entropieänderung bei vollständiger Parallelstellung der Kernmomente liegt in der gleichen Größenordnung wie bei den Elektronen. Die Magnetfelder, die man zu dieser Ausrichtung benötigen würde, sind jedoch selbst bei den tiefsten, heute herstellbaren Temperaturen noch unerreichbar groß. Der Beitrag der Kernmomente zum magnetischen Moment genügt bei allen bisher erzeugten Temperaturen dem Curieschen Gesetz, denn für die Temperatur, bei der die von dem Nernstschen Satz geforderten Abweichungen auftreten, ergeben sich theoretisch wesentlich kleinere Werte als

10^{-3} Grad. Bei einem Körper, in welchem die Elektronenhüllen der Atome kein magnetisches Moment besitzen, wohl aber die Atomkerne, hat daher die Entropie in Abhängigkeit von T für verschiedene Werte der kernmagnetischen Magnetisierung qualitativ denselben Verlauf wie in Abb. 8 (s. S. 68). Die bei erreichbaren Temperaturen und Magnetfeldern vorhandenen Zustände entsprechen aber alle den Punkten der obersten, ausgezogenen Kurve. Thermische Effekte, die von der Kernmagnetisierung herrühren, beobachtet man nicht. Infolgedessen wird man zweckmäßig nicht den tatsächlich bei $T = 0$ erreichten Zustand zum Entropienullpunkt machen, sondern den Zustand, der bei Vernachlässigung der kernmagnetischen Effekte erreicht würde, also den in Abb. 8 durch den Punkt O′ dargestellten Zustand. Als man von den magnetischen Kernmomenten noch nichts wußte, hat man es selbstverständlich immer so gemacht und hat damit auch keinen Fehler begangen, obwohl der Nernstsche Wärmesatz in der zweiten Gestalt dann nicht gilt. Es wäre sehr unzweckmäßig, etwa in allen Tabellen über Entropiewerte jetzt den Nullpunkt um die in Abb. 8 durch die Strecke O′O gegebene Entropiedifferenz zu verschieben. Denn experimentell ist diese nicht zu bestimmen, und ihre theoretische Berechnung erfordert Kenntnisse über die Eigenschaften der Kerne, die uns oft fehlen und für die beobachtbaren thermischen Effekte nur in seltenen Ausnahmefällen von Belang sind.

§ 26. Das Massenwirkungsgesetz

Der Nernstsche Wärmesatz ermöglicht es, den Arbeitskoeffizienten einer Reaktion zu berechnen, wenn die spez. Wärmen der Reaktionsteilnehmer bekannt sind. Für eine Reaktion zwischen festen Substanzen gilt zunächst wegen (§ 25; 3 und 5)

$$\mathsf{K} = \mathsf{W} - T \int\limits_{T=0}^{T} \frac{1}{T} \left(\frac{\partial \mathsf{W}}{\partial T}\right)_\lambda dT. \qquad (1)$$

Nach (§ 23; 7 oder 10) ist

$$\left(\frac{\partial \mathsf{W}}{\partial T}\right)_\lambda = - \sum_i \nu_i \mathsf{C}_i. \qquad (2)$$

Bezeichnet man mit W_0 die Reaktionswärme am absoluten Nullpunkt, so folgt daraus

$$\mathsf{K} = \mathsf{W}_0 - \sum_i \nu_i \left\{ \int_0^T \mathsf{C}_i dT - T \int_0^T \frac{\mathsf{C}_i}{T} dT \right\}. \tag{3}$$

Für eine Reaktion zwischen flüssigen oder gasförmigen Substanzen kann man K im Prinzip nach der gleichen Methode berechnen, indem man etwa (§ 24; 12) bei festem λ und p über die Temperatur T integriert. Dabei ist nur zu beachten, daß beim Anwachsen von T bei einer gewissen, vom Partialdruck abhängigen Temperatur der eine oder andere Reaktionsteilnehmer aus dem festen in den flüssigen oder gasförmigen Zustand übergeht. Dann wird eine endliche Wärmemenge bei festem T und p zugeführt. Die Enthalpie I als Funktion von T ändert sich an diesen Stellen unstetig und daher auch die Größe W_p, welche nach (§ 23; 9) gleich der Ableitung von I nach λ ist. $\frac{\partial \mathsf{W}_p}{\partial T}$ wird an diesen Stellen unendlich, und daher gilt (§ 23; 7 und 10) und die Umformung (§ 25; 2) nicht mehr. (§ 24; 12) bleibt trotzdem gültig, aber die Integration wird etwas umständlich.

Wir wollen deshalb eine andere Berechnungsmethode benutzen. Ebenso wie bei der Ableitung der Formeln (§ 23; 7 und 10) wollen wir annehmen, daß alle Reaktionsteilnehmer bei tiefen Temperaturen im festen und flüssigen Zustand in getrennten reinen Phasen vorliegen und im Dampfzustand ein Gemisch idealer Gase bilden. Dann ist die Arbeit und die Wärme, die bei konstanter chemischer Zusammensetzung bei einer Änderung der Temperatur und der Partialdrucke zuzuführen ist, gleich der Summe der Arbeits- und Wärmezufuhren, welche die gleiche Zustandsänderung bei Anwesenheit der gleichen Menge von jeweils nur einer der Substanzen erfordert. Die komplizierteren Verhältnisse bei Reaktionen in flüssigen oder festen Lösungen und Gemischen nicht idealer Gase erörtern wir später (§ 28 und 29).

Bei der Integration von (§ 24; 12) wollen wir jetzt nicht nur den Gesamtdruck, sondern den Partialdruck jeder einzelnen beteiligten Substanz konstant halten. Das kann man, wenigstens in Gedanken, dadurch erreichen, daß man das Reaktionsgefäß mit „semipermeablen" Wänden ausrüstet, welche jeweils nur für einen der Reaktionsteilnehmer durchlässig sind und für alle anderen nicht. Solche Wände kennt man zwar nur für wenige Substanzen, aber dieser technische Mangel beeinträchtigt nicht die Gültigkeit der darauf aufbauenden theoretischen Schlüsse. Hinter der semipermeablen Wand, welche für die i-te Substanz durchlässig ist, befindet sich in einem Nebenraum nur diese Substanz. Deren Partialdruck kann durch Veränderung des Volumens des Nebenraumes auf einen beliebigen Wert eingestellt werden. In diesem Falle kann man nicht mehr von dem Volumen V des Substanzgemisches schlechthin sprechen, sondern nur noch von dem Volumen V_i der i-ten Substanz. Dieses umfaßt das Volumen der reinen festen oder flüssigen Phase dieser Substanz, den von allen Gasen gemeinsam erfüllten Teil des Reaktionsraumes und den Nebenraum. in dem diese Substanz in reiner Form vorliegt.

Wenn dieses Reaktionsgefäß nur n_i Mol der i-ten Substanz enthält und als Nullpunkt der inneren Energie und Entropie der feste Zustand bei $T = 0$ und $p = 0$ gewählt wird, ist die freie Enthalpie bei Vernachlässigung von Oberflächeneffekten der Molzahl n_i proportional. Der Quotient dieser freien Enthalpie und n_i wird als die molare freie Enthalpie G_i bezeichnet. Sie ist nur von T und dem Partialdruck p_i dieser Substanz abhängig. Sind alle Reaktionsteilnehmer gleichzeitig im Reaktionsgefäß vorhanden, so ist die freie Enthalpie eine Funktion von T, allen Partialdrucken p_i und der Reaktionslaufzahl λ. Bei festem λ, also fester chemischer Zusammensetzung ist die Änderung von G beim Übergang vom Zustand mit $T = 0$, $p_i = 0$ zu einem beliebigen anderen Zustand nach obigen Annahmen gleich der Summe der Änderungen der getrennten Bestandteile, also gleich

$$G_{(T,\,p_i,\,\lambda)} - G_{(T=0,\,p_i=0,\,\lambda)} = \sum_i \mathsf{n}_i \mathsf{G}_i . \qquad (4)$$

Bei $T = 0$ ändert sich im festen Zustand bei einer Änderung von λ die Entropie nicht. Die Enthalpie nimmt nach

(§ 23; 9) bei Zunahme von λ um 1 um W_0 ab. Also gilt

$$\left(\frac{\partial G}{\partial \lambda}\right)_{T=0;\, p_i=0} = -W_0. \tag{5}$$

Nach (§ 22; 3) ist die Ableitung von n_i nach λ gleich dem Koeffizienten ν_i in der Reaktionsgleichung:

$$\frac{\partial n_i}{\partial \lambda} = \nu_i. \tag{6}$$

Daher ergibt sich aus (4)

$$K = -\left(\frac{\partial G}{\partial \lambda}\right)_{T,\, p_i} = W_0 - \sum_i \nu_i G_i. \tag{7}$$

Die Berechnung von K erfordert also in diesem einfachen Fall nur die Berechnung der molaren freien Enthalpien der reinen Substanzen, wobei der kristallisierte Zustand bei $T = 0$ der Nullpunkt ist. Die molare Enthalpie folgt aus (§ 16; 11 und 13) durch Division durch die Molzahl $n = \frac{m}{M}$. Wegen (§ 2; 3) ist das gleichbedeutend mit dem Fortlassen des Faktors m und Ersetzen der spezifischen Wärme c durch die Molwärme C. Die molare Entropie ist gleich der in (§ 14; 8 und 13) angegebenen spezifischen Entropie mal der Molmasse M. Daher erhält man für den festen Zustand

$$G = \int_0^T C\, dT - T \int_0^T \frac{C}{T}\, dT \tag{8}$$

und für den idealen Gaszustand

$$G = L_{s0} + \int_0^T C_p'\, dT - TC_{p0}' \ln T/T_0 - T \int_0^T \frac{C_{pT}'}{T}\, dT$$
$$+ R_0 T \ln \frac{p}{p_0} - TS_0'. \tag{9}$$

Darin bedeutet $L_{s0} = Ml_{s0}$ die molare Sublimationswärme am absoluten Nullpunkt. Die Molwärme C_p' des Dampfes wurde ebenso wie in (§ 14; 12) als Summe aus ihrem Wert bei $T = 0$ und einen temperaturabhängigen Anteil geschrieben: $C_p' = C'_{p0} + C'_{pT}$. Ferner ist $S_0' = Ms_0'$ die molare Entropiekonstante (vgl. § 14; 15).

Fügt man nun in diesen Formeln überall den Index i für die verschiedenen Bestandteile hinzu, so ergibt sich beim Einsetzen von (8) in (7) für eine Reaktion im festen Zustand wieder die Gleichung (3). Die entsprechende Formel für eine Reaktion zwischen Gasen ergibt sich, indem man (8) durch (9) ersetzt. In der entstehenden, ziemlich langen Formel pflegt man alle von den Partialdrucken unabhängigen Summanden zu einer nur von T abhängigen Konstanten zusammenzufassen, welche mit $R_0 T \ln K_p$ bezeichnet werden soll. Nach elementaren Zwischenrechnungen erhält man

$$K = R_0 T \left\{ \ln K_p - \sum_i \nu_i \ln \frac{p_i}{p_0} \right\}, \tag{10}$$

wobei

$$R_0 T \ln K_p = W_0 - \sum_i \nu_i \left\{ L_{s0i} + \int_0^T C'_{pi}\, dT - T C'_{p0i} \ln \frac{T}{T_0} - T \int_0^T \frac{C'_{pTi}}{T}\, dT - T S'_{0i} \right\} \tag{11}$$

ist.

Nach (§ 24; 1) ist die Reaktion bei Aufhebung der Hemmung im Gleichgewicht, wenn $K = 0$ ist. Daher liefert (10) als Gleichgewichtsbedingung für eine Reaktion zwischen idealen Gasen

$$\prod_i \left(\frac{p_i}{p_0} \right)^{\nu_i} = K_p. \tag{12}$$

Diese Formel bezeichnet man als das Massenwirkungsgesetz. Speziell für die Knallgasreaktion $2H_2 + O_2 \rightarrow 2H_2O$ lautet es ausgeschrieben (H_2: Index 1, $\nu_1 = -2$; O_2: Index 2, $\nu_2 = -1$; H_2O: Index 3, $\nu_3 = +2$)

$$\frac{(p_3 / p_0)^2}{(p_1 / p_0)^2 (p_2 / p_0)} = K_p. \tag{13}$$

Allgemein stehen im Zähler die Partialdrucke der Reaktionsprodukte auf der rechten Seite der Reaktionsgleichung, im Nenner die der Ausgangsstoffe auf der linken Seite, und zwar stets mit einer Potenz gleich ihrem Zahlenkoeffizienten in der Reaktionsgleichung. Der Einheitsdruck p_0 ist in (12) überall hinzugefügt, damit K_p eine dimensionslose Zahl wird, von der in (10) der Logarithmus gebildet werden kann. Meist wird p_0 einfach fortgelassen (vgl. S. 46).

Die Tatsache, daß für das Gleichgewicht nur die obige Kombination der Partialdrucke und nicht ihre Einzelwerte maßgebend sind, wurde erstmalig von Guldberg und Wåge aus reaktionskinetischen Überlegungen erschlossen. Van't Hoff bewies, daß der Arbeitskoeffizient K die in (10) angegebene Gestalt hat. Setzt man diesen Ausdruck in (§ 24; 12) ein, so erhält man für die Temperaturabhängigkeit der Gleichgewichtskonstanten K_p die Differentialgleichung:

$$\left(\frac{\partial \ln K_p}{\partial T}\right)_{p_i,\,\lambda} = -\frac{\mathsf{W}_p}{\mathsf{R}_0\,T^2}\,. \tag{14}$$

Integration dieser Gleichung würde wieder auf (11) führen, sofern man für die Integrationskonstante den durch den Nernstschen Wärmesatz festgelegten Wert einsetzt.

Bei einer Reaktion zwischen gasförmigen und festen Substanzen hat die Formel für K dieselbe Form wie (10), nur sind dann in der Summe über die Logarithmen der Partialdrucke die Summanden für die festen Reaktionsprodukte fortzulassen. In (11) ist unter der Summe bei festen Stoffen die geschweifte Klammer durch (8) zu ersetzen.

§ 27. Die Molzahlen als thermodynamische Variable

In komplizierten Fällen ist die Benutzung der Reaktionslaufzahl als thermodynamischer Variable verhältnismäßig umständlich. Alle Rechnungen werden übersichtlicher, wenn man durch den folgenden Kunstgriff die Massen m_i oder die Molzahlen n_i der einzelnen Substanzen zu thermodynamischen Variablen macht. Man betrachtet nicht nur den einen Körper oder das eine Gefäß, in welchem die zu untersuchenden Reaktionen ablaufen, sondern ein System von mehreren, thermisch getrennten Körpern, nämlich das Reaktionsgefäß sowie einige Vorratsgefäße, in welchen sich eine größere Menge der beteiligten Substanzen in einem Normalzustand befindet. Die Änderung der Molzahl $\mathfrak{n}_i$ der i-ten Substanz im Reaktionsgefäß erfordert dann die Überführung von Materie aus den Vorratsgefäßen in den Reaktionsraum, und das ist ein thermodynamischer Prozeß, bei welchem dem System als Ganzem nur Arbeit und Wärme zugeführt wird.

Die Anwendung der Thermodynamik auf ein solches System von Körpern erfordert Verallgemeinerungen der bisher gegebenen Definitionen, denn z. B. wird die Definition der freien Energie $F = U - TS$ unsinnig für ein System von Körpern, dessen verschiedene Teile verschiedene Temperaturen haben. Diese Verallgemeinerungen liegen aber auf der Hand: Solange bei Zustandsänderungen die verschiedenen Teile des Systems getrennt bleiben, versteht man unter der Änderung der freien Energie des Systems die Summe der Änderungen der freien Energien der einzelnen Teile. Entsprechend definiert man die Änderungen der anderen thermodynamischen Funktionen. Werden zwei Teile auf einem reversiblen Wege vereinigt oder getrennt, so haben diese Teile dabei notwendig in jedem Augenblick die gleiche Temperatur T. Daher kann man die Entropieänderung ΔS des Systems bei diesem Prozeß genauso wie sonst durch $\Delta S = \int \frac{dQ}{T}$ definieren. Führt man die beiden Teile nicht nur reversibel, sondern auch isotherm zusammen, so ist wegen $\Delta U = \Delta A + \Delta Q$ die Änderung der freien Energie des Systems bei diesem Prozeß durch $\Delta F = \Delta U - T\Delta S = \Delta A$ gegeben. Die Änderung der freien Enthalpie ist gleich ΔF plus dem Produkt pV nach der Vereinigung der Teile minus der Summe dieser Produkte der beiden Teile vorher.

Man beachte, daß die freie Energie des Systems im allgemeinen nicht als Summe der freien Energien der einzelnen Teile geschrieben werden kann. Vereinigt man einen Teil mit einem anderen, der die gleichen Molekülarten enthält, so läßt sich hinterher garnicht mehr feststellen, welche Moleküle zum ersten Teil gehörten und welche nicht, und daher hat es dann gar keinen Sinn mehr, von der freien Energie des einen Teiles zu reden. Das ist nur möglich, solange diese Teile getrennt bleiben. In welchem Zustand man die freie Energie eines Teiles gleich null setzt, ist für die freie Energie des Systems belanglos, da für deren Berechnung nur die Änderung der freien Energie eines abgetrennten Teiles wesentlich ist.

Bei Anwendung dieser verallgemeinerten thermodynamischen Funktionen auf chemische Reaktionen pflegt man die Materie in den Vorratsgefäßen als kristallisiert bei $T = 0$ und $p = 0$ anzunehmen. Ferner richtet man es so ein, daß die Änderungen der Molzahlen $\mathfrak{n}_i$ der Substanzen im Reaktionsgefäß auch die Änderungen der Substanzmengen in den Vorratsgefäßen eindeutig festlegen. Wenn man z. B. die Knallgasreaktion betrachtet, darf man daher nicht für H_2, O_2 und H_2O je ein Vorratsgefäß vorsehen, sondern nur zwei, etwa für H_2 und O_2. Denn sonst könnte man aus den Vorratsgefäßen für H_2 und O_2 Materie entnehmen, ins Reaktionsgefäß überführen, dort in Wasser übergehen lassen und dieses in das Vorratsgefäß für H_2O überführen. Dann hätten sich die Substanzmengen im Reaktionsgefäß nicht geändert, nur diejenigen in den Vorratsgefäßen.

Allgemein darf man Vorratsgefäße nur für diejenigen Substanzen vorsehen, aus denen man alle anderen mit Hilfe der vorkommenden Reaktionen aufbauen kann, also in der Regel für jede vorkommende Atomart je eines. Wenn allerdings eine bestimmte Gruppe von Atomen stets unverändert bleibt wie z. B. das Molekül H_2O bei Kristallisationsprozessen mit verschiedenem Kristallwassergehalt, so genügt ein Vorratsgefäß für diese Gruppe an Stelle von mehreren für seine Atome. Die zum Aufbau aller Verbindungen im Reaktionsraum mindestens nötigen Atome oder Atomgruppen nennt man die „letzten Bestandteile“ oder die „resistenten Gruppen“ der Reaktionen.

Die Änderungen der thermodynamischen Funktionen bei einer chemischen Reaktion kann man nun folgendermaßen berechnen: Die einzelnen Substanzen auf der linken Seite der Reaktionsgleichung denkt man sich nacheinander in ihre letzten Bestandteile zerlegt und führt diese in Gedanken in die Vorratsgefäße über. Dann baut man ebenso die Substanzen auf der rechten Seite der Reaktionsgleichung aus den letzten Bestandteilen auf. Da Anzahl und Menge der letzten Bestandteile auf beiden Seiten einer chemischen Gleichung gleich sind, ist der Zustand der Vorratsgefäße nach allen diesen Prozessen der gleiche wie vorher. Die Änderung der freien Energie oder freien Enthalpie des erweiterten Systems ist daher die gleiche wie die Änderung dieser Größen für das Reaktionsgefäß allein bei Änderung der Reaktionslaufzahl. Bei der neuen Betrachtungsweise erscheinen aber diese Änderungen und daher auch die Arbeitskoeffizienten und Wärmetönungen als Summe der entsprechenden Änderungen bei Überführungen der einzelnen Substanzen in die Vorratsgefäße oder zurück. Diese sind von der betrachteten Reaktion ganz unabhängig und hängen nur von der Art der einzelnen Substanz und dem Zustand im Reaktionsraum ab und haben bei verschiedenen Reaktionen mit der gleichen Substanz denselben Wert.

§ 28. Das chemische Potential

Wir betrachten jetzt in dem soeben erläuterten Sinn die Molzahl $\mathfrak{n}_i$ der i-ten Substanz in einer der verschiedenen Phasen eines beliebigen Körpers als eine thermodynamische Variable und berechnen die Ableitung

$$\mu_i = \left(\frac{\partial F}{\partial \mathfrak{n}_i}\right)_{T,\,V} = \left(\frac{\partial G}{\partial \mathfrak{n}_i}\right)_{T,\,p}. \tag{1}$$

Man bezeichnet diesen Differentialquotienten als das chemische Potential dieser Substanz innerhalb der betreffenden Phase. Bei der Differentiation sind nicht nur die Temperatur und das Volumen V bzw. der Gesamtdruck p der Phase konstant zu halten, sondern auch die Molzahlen aller anderen Substanzen und alle Molzahlen in anderen Phasen. Die Gleichheit der beiden Ableitungen in (1) beweist man ebenso wie die Gleichheit der Ableitungen $\left(\frac{\partial F}{\partial \lambda}\right)_{T,V} = \left(\frac{\partial G}{\partial \lambda}\right)_{T,p} = -\mathsf{K}$ auf S. 87.

Zur Berechnung von μ_i bevorzugen wir den ersten Differentialquotienten in (1) und ermitteln die Änderung der freien Energie F des aus dem Reaktionsgefäß und den Vorratsgefäßen bestehenden Systems bei Vergrößerung von n_i um $\Delta\mathsf{n}_i$ bei festem T und V. Wir entnehmen deshalb in Gedanken soviel der letzten Bestandteile aus den Vorratsgefäßen, wie zum Aufbau von $\Delta\mathsf{n}_i$ Mol der i-ten Substanz benötigt wird, und bilden daraus auf irgendeinem reversiblen Wege die i-te Substanz im kristallisierten Zustand bei $T = 0$ und $p = 0$. Die dabei auftretende Änderung der inneren Energie, welche in diesem Fall gleich der Änderung von F und G ist, möge mit $-\mathsf{W}_{0i}\Delta\mathsf{n}_i$ bezeichnet werden. Ist die i-te Substanz selbst einer der letzten Bestandteile, so ist $\mathsf{W}_{0i} = 0$. Sonst ist W_{0i} gleich der in § 23 eingeführten Reaktionswärme am absoluten Nullpunkt für eine Reaktionsgleichung, bei der auf der rechten Seite nur ein Mol der i-ten Substanz und links nur ihre letzten Bestandteile stehen.

Wenn man nun diese $\Delta\mathsf{n}_i$ Mol der i-ten Substanz der betrachteten Phase zuführen will, muß man zunächst durch Einführen von Reaktionshemmungen dafür sorgen, daß dabei im Reaktionsraum keine Substanzen in andere Phasen übergehen und keine der möglichen Reaktionen abläuft, weil sonst die anderen Molzahlen außer n_i nicht konstant bleiben. Um die Zuführung reversibel zu gestalten, muß man sich ferner in der Wand der betreffenden Phase eine nur für die i-te Substanz durchlässige semipermeable Öffnung denken. Der Druck der reinen i-ten Substanz dahinter im Gleichgewicht sei p_i. Ist die Phase eine Mischung idealer Gase, so ist p_i mit dem Partialdruck der i-ten Substanz identisch. Im allgemeinen läßt sich jedoch p_i theoretisch nicht berechnen und ist insbesondere bei gegebenen Temperaturen und Volumina nicht von den Molzahlen der anderen Substanzen unabhängig. Das ist nur beim idealen Gas der Fall.

Wir bringen nun die $\Delta\mathsf{n}_i$ Mol der i-ten Substanz vom Zustand $T = 0, p = 0$ auf die Temperatur T der betrachteten Phase und komprimieren sie auf den Druck p_i. Für die Änderung der freien Energie dabei schreiben wir $\mathsf{F}_i \Delta \mathsf{n}_i$. Darin bedeutet F_i offenbar die molare freie Energie der reinen i-ten Substanz, wobei der Zustand mit $T = 0$, $p = 0$ zum Nullpunkt gewählt wurde. Beim Zuführen der $\Delta \mathsf{n}_i$ Mol in die betrachtete Phase unter Konstanthaltung ihres Volumens durch die semipermeable Wand hindurch ist die Änderung der freien Energie des Systems gleich der geleisteten Arbeit. Wenn man voraussetzt, daß $\Delta \mathsf{n}_i \ll \mathsf{n}_i$ ist, ändert sich p_i bei diesem Prozeß nicht. Bezeichnet man mit $\mathsf{V}_i \Delta \mathsf{n}_i$ das Volumen der $\Delta \mathsf{n}_i$ Mol in dem Zustand mit den Daten T, p_i (d. h. $\mathsf{V}_i =$ Molvolumen), so beträgt diese Arbeit $p_i \mathsf{V}_i \Delta \mathsf{n}_i$. Insgesamt erhält man also für die Änderung der freien Energie des Systems bei diesen Prozessen

$$\Delta F = (-\mathsf{W}_{0i} + \mathsf{F}_i + p_i \mathsf{V}_i) \Delta \mathsf{n}_i \tag{2}$$

und daher

$$\mu_i = \mathsf{F}_i + p_i \mathsf{V}_i - \mathsf{W}_{0i} = \mathsf{G}_i - \mathsf{W}_{0i}. \tag{3}$$

Das bedeutet: Das chemische Potential einer Substanz in einer beliebig zusammengesetzten Phase ist gleich der molaren freien Enthalpie der reinen Substanz bei der gleichen Temperatur und demjenigen Druck, den die reine Substanz hinter einer semipermeablen Wand im Gleichgewicht mit der betrachteten Phase annimmt, vermindert um die Bildungswärme W_{0i} von 1 Mol dieser Substanz im festen Zustand bei $T = 0$ aus ihren letzten Bestandteilen.

§ 29. Die allgemeinen Gleichgewichtsbedingungen

Mit Hilfe des chemischen Potentials lassen sich die Gleichgewichtsbedingungen für eine chemische Reaktion besonders einfach aussprechen. Die folgenden beiden Gleichgewichtsaussagen hatten wir bereits besprochen (vgl. § 20): Wenn zwei Körper Wärmeenergie miteinander austauschen können, ist Gleichheit ihrer Temperaturen Bedingung für Gleichgewicht, d. h. dann geht im Mittel keine Wärme von dem einen auf den anderen über. Wenn die Wand zwischen zwei Körpern frei beweglich ist, so daß sich das Volumen des einen auf Kosten des anderen verändern kann, so ist Gleichheit des

Druckes Bedingung für das Gleichgewicht, d. h. dann ändert sich im Mittel das Volumen der beiden Körper nicht. Wenn die Grenzfläche eine freie Oberfläche ist, gilt das wegen des Energieinhaltes der Oberfläche allerdings nur für ebene Grenzflächen, die sich ohne Änderung ihrer Größe verschieben können.

Analog dazu gilt der folgende Satz: Wenn die Moleküle einer Substanz von einer Phase in eine andere übergehen können, so daß sich ihre Molzahl n_i' in der ersten Phase auf Kosten der Molzahl n_i'' in der zweiten ändern kann, so müssen im Gleichgewicht die chemischen Potentiale μ_i' und μ_i'' dieser Substanzen in beiden Phasen gleich sein:

$$\mu_i' = \mu_i''. \tag{1}$$

Wenn das gilt, geht im Mittel keine Materie von der einen Phase in die andere über.

Der Beweis für diese Aussage ist sehr einfach: Man kann den Übergang von der ersten in die zweite Phase als chemische Reaktion ansehen; ändert sich deren Reaktionslaufzahl um $\Delta\lambda$, so nimmt n_i' um $\Delta\lambda$ ab und n_i'' um $\Delta\lambda$ zu. Der Arbeitskoeffizient lautet also

$$\mathsf{K} = -\frac{\partial F}{\partial \lambda} = \frac{\partial F}{\partial \mathsf{n}_i'} - \frac{\partial F}{\partial \mathsf{n}_i''} = \mu_i' - \mu_i''. \tag{2}$$

Die Gleichheit (1) besagt also einfach, daß $\mathsf{K} = 0$ ist, wie es (§ 24; 1) für das Gleichgewicht fordert.

Wenn zwischen den verschiedenen Substanzen innerhalb einer Phase eine ungehemmte chemische Reaktion ablaufen kann, besteht für das chemische Gleichgewicht eine weitere Bedingung. Als Beispiel betrachten wir wieder die Knallgasreaktion

$$2\,H_2 + O_2 = 2\,H_2O. \tag{3}$$

Wenn ihre Reaktionslaufzahl λ um $\Delta\lambda$ wächst, nimmt die Molzahl n_1 von H_2 um $2\Delta\lambda$ ab, die Molzahl n_2 von O_2 um $\Delta\lambda$, und die Molzahl n_3 von H_2O wächst um $2\Delta\lambda$. Also folgt

$$\mathsf{K} = -\frac{\partial F}{\partial \lambda} = 2\frac{\partial F}{\partial \mathsf{n}_1} + \frac{\partial F}{\partial \mathsf{n}_2} - 2\frac{\partial F}{\partial \mathsf{n}_3} = 2\mu_1 + \mu_2 - 2\mu_3. \tag{4}$$

Im Gleichgewicht muß also gelten

$$2\mu_1 + \mu_2 = 2\mu_3. \tag{5}$$

Man liest daraus sofort die folgende allgemeine Regel ab: Die Gleichgewichtsbedingung geht aus der chemischen Reaktionsgleichung hervor, indem man die chemischen Symbole durch die chemischen Potentiale ersetzt.

§ 30. Die Gibbssche Phasenregel

Temperatur, Druck und die chemischen Potentiale sind spezifische Zustandsvariablen, d. h. sie ändern sich nicht, wenn man die Gesamtmasse und das Gesamtvolumen einer Phase unter Konstanthaltung aller Eigenschaften der einzelnen Volumenelemente verändert. Wir wollen nun abzählen, wieviel spezifische Variable in einem Körper mit q Phasen willkürlich gewählt werden können. Bei einem Körper mit nur einer Phase und k verschiedenen Substanzen, zwischen denen keine chemische Reaktion ungehemmt ablaufen kann, kann man Temperatur, Druck und die Massen aller k Substanzen willkürlich festlegen, ohne die Gleichgewichtsbedingungen zu verletzen. Da die Gesamtmasse keine spez. Variable ist, sondern nur die Verhältnisse der einzelnen Massen zur Gesamtmasse, sind in diesem Fall also $(k + 1)$ spez. Variable frei verfügbar. Liegt eine zweite, völlig davon getrennte Phase mit denselben Substanzen vor, so sind auch in ihr $(k + 1)$ spez. Variable frei wählbar. Bringt man aber beide Phasen miteinander in Kontakt, so daß Wärme und alle Substanzarten zwischen ihnen übergehen können und ein Volumenausgleich dazwischen möglich ist, so müssen sich Temperatur, Druck und die k chemischen Potentiale auf den gleichen Wert einstellen. Die $2(k + 1)$ Variablen müssen dann also $(k + 2)$ Bedingungen genügen. Also sind nur noch k spez. Variable frei.

Mit jeder weiteren hinzutretenden Phase aus den gleichen Substanzen kommen $(k + 1)$ spez. Variable und $(k + 2)$ Bedingungsgleichungen hinzu. Daher nimmt die Zahl f der frei verfügbaren spez. Variablen mit jeder um 1 ab. Bei q Phasen sind noch

$$f = k + 2 - q \tag{1}$$

spez. Variable frei. Gleichgewicht ist demnach nur möglich, wenn q kleiner als $(k + 3)$ ist. Eine einzelne Substanz $(k = 1)$ kann nur bei einem bestimmten Wert von T und p in drei Phasen im Gleichgewicht existieren. Liegen nur zwei Phasen vor, so ist eine spez. Variable, etwa die Temperatur, frei wählbar. Die andere, der Druck, liegt dann fest. Zwei Substanzen, z. B. Wasser und Stickstoff, können dagegen bei beliebigen Werten von T und p in zwei Phasen nebeneinander bestehen.

Wenn zwischen den k Substanzen noch chemische Reaktionen ungehemmt ablaufen können, vermindert sich die Zahl f der frei wählbaren spez. Variablen weiter, und zwar um die Zahl der unabhängigen chemischen Reaktionen. Ist r die Zahl der letzten Bestandteile, so beträgt diese $k - r$. Denn für jede der $k - r$ Substanzen, die nicht zu den letzten Bestandteilen gehören, kann man durch eine Reaktionsgleichung angeben, wie sie aus den letzten Bestandteilen entsteht. Alle anderen Reaktionsgleichungen kann man als Zusammensetzungen von diesen auffassen, und daher gilt dasselbe von den Gleichgewichtsbedingungen. Die Zahl der frei wählbaren spez. Variablen ist daher um $(k - r)$ kleiner als in (1) und beträgt

$$f = r + 2 - q. \tag{2}$$

Diese Formel bezeichnet man als die Gibbssche Phasenregel. Man liest aus ihr z. B. ab, daß Kalkspat und Kohlendioxyd bei gegebener Temperatur nur bei einem bestimmten Druck miteinander im Gleichgewicht sind. Denn $CaCO_3$ und das bei der Zersetzung entstehende feste CaO bilden zwei verschiedene feste Phasen. Die letzten Bestandteile sind CaO und CO_2. Also ist $r = 2$. Die Zahl der Phasen ist $q = 3$. Daraus folgt $f = 1$.

Auf die zahlreichen sonstigen Anwendungen der thermodynamischen Sätze in Physik, Technik und physikalischer Chemie kann hier nicht eingegangen werden. Hier sollten nur die Grundlagen für die Betrachtungen in der Speziallliteratur klargelegt werden.

Namen- und Sachregister

GESAMTVERZEICHNIS

SAMMLUNG GÖSCHEN

DAS WISSEN DER WELT IN KURZEN KLAREN, ALLGEMEINVERSTÄNDLICHEN EINZELDARSTELLUNGEN NACH DEN LEHRPLÄNEN DER DEUTSCHEN UNIVERSITÄTEN UND HOCHSCHULEN AUFGEBAUT

JEDER BAND DM 2,40

DOPPELBAND DM 4,80

STAND JANUAR 1956

WALTER DE GRUYTER & CO.

BERLIN W 35

INHALTSVERZEICHNIS

Geisteswissenschaften

Philosophie

Einführung in die Philosophie von *H. Leisegang*. 2. Auflage. 145 Seiten. 1953. . . . . Bd. 281

Erkenntnistheorie von *G. Kropp*. 1. Teil: Allgemeine Grundlegung. 143 Seiten. 1950 . . . . Bd. 807

Hauptprobleme der Philosophie von *G. Simmel†*. 7., unveränd. Auflage. 177 Seiten. 1950 . . . . Bd. 500

Geschichte der Philosophie

I: Die griechische Philosophie von *W. Capelle*. 1. Teil. Von Thales bis Leukippos. 2., erweiterte Auflage. 135 Seiten. 1953 . . . . Bd. 857

II: Die griechische Philosophie von *W. Capelle*. 2. Teil. Von der Sophistik bis zum Tode Platons. 2., stark erweiterte Auflage. 144 Seiten 1953 . . . . . Bd. 858

III: Die griechische Philosophie von *W. Capelle*. 3. Teil. Vom Tode Platons bis zur Alten Stoa. 2., stark erweiterte Auflage. 132 Seiten. 1954 . . . . . Bd. 859

IV: Die griechische Philosophie von *W. Capelle*. 4. Teil. Von der Alten Stoa bis zum Eklektizismus im 1. Jahrhundert v. Chr. 2., stark erweiterte Auflage. 132 Seiten. 1954 . . . . Bd. 863

V: Die Philosophie des Mittelalters von *J. Koch*. In Vorbereitung . . . . Bd. 826

VI: Von der Renaissance bis Kant von *K. Schilling*. 234 Seiten. 1954 . . . . Bd. 394 / 394a

VII: Immanuel Kant von *G. Lehmann*. In Vorbereitung. Bd. 536

VIII: Die Philosophie des 19. Jahrhunderts von *G. Lehmann*. 1. Teil. 151 Seiten. 1953 . . . . Bd. 571

IX: Die Philosophie des 19. Jahrhunderts von *G. Lehmann*. 2. Teil. 168 Seiten. 1953 . . . . Bd. 709

X: Die Philosophie im ersten Drittel des 20. Jahrhunderts von *G. Lehmann*. In Vorbereitung . . . . . . Bd. 845

Die geistige Situation der Zeit (1931) von *K. Jaspers*. 3., unveränderter Abdruck der 1932 bearbeiteten 5. Auflage. 211 Seiten. 1953. Zur Zeit nur Ganzleinen DM 4,80 Bd. 1000

Philosophisches Wörterbuch von *M. Apel†*. 4., unveränderte Auflage. 260 Seiten. 1953 . . . . Bd. 1031

Philosophische Anthropologie von *M. Landmann*. 266 Seiten. 1955 . . . . Bd. 156 / 156a

Pädagogik · Psychologie · Soziologie

Geschichte der Pädagogik von *H. Weimer*. 11., neubearbeitete und vermehrte Auflage. 176 Seiten. 1954 . . . . Bd. 145

Therapeutische Psychologie. Freud — Adler — Jung von *W. M. Kranefeldt*. Mit einer Einführung von *C. G. Jung*. 2. Auflage. 152 Seiten. 1950 . . . . Bd. 1034

Sozialpsychologie von *P. R. Hofstätter*. 1956. In Vorbereitung Bd. 104 / 104a

Psychologie des Berufs- und Wirtschaftslebens von *W. Moede*. 1956. In Vorbereitung . . . . Bd. 851

Soziologie. Geschichte und Hauptprobleme von *L. von Wiese*. 5. Auflage. 162 Seiten. 1954 . . . . Bd. 101

Industrie- und Betriebssoziologie von *R. Dahrendorf*. 118 Seiten. 1956 . . . . Bd. 103

Religionswissenschaften

Jesus von *M. Dibelius †*. 2. Auflage. Unveränderter Nachdruck. 137 Seiten. 1949 . . . . Bd. 1130

Paulus von *M. Dibelius †*. Nach dem Tode des Verfassers herausgegeben und zu Ende geführt von *W. G. Kümmel*. 2. Auflage. 155 Seiten. 1956 . . . . Bd. 1160

Musik

Musikästhetik von *H. J. Moser*. 180 Seiten. 1953 . . . . . . Bd. 344

Systematische Modulation von *R. Henried*. 2. Auflage. 136 Seiten. 1950 . . . . Bd. 1094

Der polyphone Satz von *E. Pepping*. 1. Teil: Der cantus-firmus-Satz. 2. Auflage. 223 Seiten. 1950 . . . . Bd. 1148

Harmonielehre von *H. J. Moser*.
I: 109 Seiten. 1954 . . . . Bd. 809

Technik der deutschen Gesangskunst von *H. J. Moser*. Dritte, durchges. u. verbesserte Auflage. 144 Seiten mit 5 Fig. 1954 . . . . Bd. 576/576a

Die Kunst des Dirigierens von *H. W. von Waltershausen †*. 2. Auflage. 138 Seiten. 1954 . . . . Bd. 1147

Die Technik des Klavierspiels aus dem Geiste des musikalischen Kunstwerkes von *K. Schubert †*. 3. Auflage. 110 Seiten. 1954 . . . . Bd. 1045

Die Musik des 19. Jahrhunderts von *W. Oehlmann*. 180 Seiten. 1953 . . . . Bd. 170

Allgemeine Musiklehre von *H. J. Moser*.
2., durchges. Auflage. 155 Seiten. 1955 . . . . . Bd. 220/220a

Kunst

Stilkunde von *H. Weigert*.
I: Vorzeit, Antike, Mittelalter. 2. Auflage. 136 Seiten. Mit 94 Abbildungen. 1953 . . . . Bd. 80
II: Spätmittelalter und Neuzeit. 2. Auflage. 146 Seiten. Mit 84 Abbildungen. 1953 . . . . Bd. 781

Archäologie von *A. Rumpf*.
I: Einleitung, historischer Überblick. 143 Seiten mit 6 Abbildungen im Text und 12 Tafeln. 1953 . . . . . Bd. 538
II: Die Archäologensprache. Die antiken Reproduktionen. 136 Seiten mit 7 Abbildungen im Text und 12 Tafeln. 1956 . . . . Bd. 539

Geschichte

Einführung in die Geschichtswissenschaft von *P. Kirn*. 2. Auflage. 121 Seiten. 1952 . . . . Bd. 270

Kultur der Urzeit von *F. Behn*. 4. Auflage der „Kultur der Urzeit". Band I—III von *M. Hoernes*.
I: Die vormetallischen Kulturen. (Die Steinzeiten Europas. Gleichartige Kulturen in anderen Erdteilen). 172 Seiten mit 48 Abbildungen. 1950 . . . . Bd. 564
II: Die älteren Metallkulturen. (Der Beginn der Metallbenutzung. Kupfer- und Bronzezeit in Europa, im Orient und in Amerika). 160 Seiten mit 67 Abbildungen. 1950 Bd. 565
III: Die jüngeren Metallkulturen. (Das Eisen als Kulturmetall. Hallstatt-Latène-Kultur in Europa. Das erste

Auftreten des Eisens in den anderen Erdteilen). 149 Seiten mit 60 Abbildungen. 1950 . . . . Bd. 566

Vorgeschichte Europas von *F. Behn.* Völlig neue Bearbeitung der 7. Auflage der „Urgeschichte der Menschheit" von *M. Hoernes.* 125 Seiten mit 47 Abbildungen. 1949 . . Bd. 42

Von den Karolingern zu den Staufern von *J. Haller.* Die altdeutsche Kaiserzeit (900—1250). 3. Auflage. 141 Seiten mit 4 Karten. 1944 . . . . Bd. 1065

Deutsche Geschichte im Zeitalter der Reformation, der Gegenreformation und des 30jährigen Krieges von *F. Hartung.* 129 Seiten. 1951 . . . . Bd. 1105

Deutsche Geschichte von 1648 bis zur Gegenwart von *W. Treue* (4 Bände). In Vorbereitung . . . . Bd. 35

Quellenkunde der deutschen Geschichte im Mittelalter (bis zur Mitte des 15. Jahrhunderts) von *K. Jacob †.*

I: Einleitung. Allgemeiner Teil. Die Zeit der Karolinger. 5. Auflage. 118 Seiten. 1949 . . . . Bd. 279

II: Die Kaiserzeit (911—1250). 4. Auflage. 127 Seiten. 1949 . . . . Bd. 280

III: Das Spätmittelalter (vom Interregnum bis 1500). Unter Verwendung der Hinterlassenschaft herausgegeben von *F. Weden.* 152 Seiten. 1952 . . . . Bd. 284

Badische Geschichte von *A. Krieger.* 137 Seiten. 1921 . . . Bd. 230

Geschichte Englands von *H. Preller.*

I: bis 1815. 3., stark umgearbeitete Auflage. 135 Seiten mit 7 Stammtafeln und 2 Karten im Text. 1952. . . . Bd. 375

II: von 1815 bis 1910. 2., völlig umgearb. Auflage. 118 S. mit 1 Stammtafel und 7 Karten im Text. 1954 . . Bd. 1088

Geschichte der Vereinigten Staaten von Amerika von *O. Graf zu Stolberg-Wernigerode.* 192 Seiten mit 10 Karten im Text. 1956. . . . . Bd. 1051/1051a

Deutsche Sprache und Literatur

Deutsches Rechtschreibungswörterbuch von *M. Gottschald.* 2., verbesserte Auflage. 269 Seiten. 1953 . . . . Bd. 200/200a

Deutsche Wortkunde von *A. Schirmer.* Eine kulturgeschichtliche Betrachtung des deutschen Wortschatzes. 3., durchgesehene Auflage. 109 Seiten. 1949 . . . . . Bd. 929

Deutsche Sprachlehre von *W. Hofstaetter.* 9., neubearbeitete Auflage von *G. Spree.* 144 Seiten. 1953 . . . . Bd. 20

Stimmkunde für Beruf, Kunst und Heilzwecke von *H. Biehle.* 111 Seiten. 1955 . . . . Bd. 60

Redetechnik von *H. Biehle.* Einführung in die Rhetorik. 115 Seiten. 1954 . . . . Bd. 61

Sprechen und Sprachpflege von *H. Feist.* (Die Kunst des Sprechens). 2., verbesserte Auflage. 99 Seiten mit 25 Abbildungen. 1952 . . . . Bd. 1122

Der Nibelunge Nôt in Auswahl mit kurzem Wörterbuch von *K. Langosch.* 9., umgearbeitete Auflage. 164 Seiten. 1953 Bd. 1

Deutsches Dichten und Denken von der germanischen bis zur staufischen Zeit von *H. Naumann.* (Deutsche Literaturgeschichte vom 5.—13. Jahrhundert). 2., verbesserte Auflage. 166 Seiten. 1952 . . . . Bd. 1121

Deutsches Dichten und Denken vom Mittelalter zur Neuzeit von *G. Müller* (1270—1700). 2., durchgesehene Auflage. 159 Seiten. 1949 . . . . Bd. 1086

Die deutschen Personennamen von *M. Gottschald*. 2., verbesserte Auflage. 151 Seiten. 1955 . . . . Bd. 422

Althochdeutsches Elementarbuch von *H. Naumann †* und *W. Betz*. 2. Auflage. 156 Seiten. 1954. . . . . Bd. 1111

Mittelhochdeutsche Grammatik von *H. de Boor* und *R. Wisniewski*. 139 Seiten. 1956 . . . . Bd. 1108

Indogermanisch · Germanisch

Gotisches Elementarbuch von *H. Hempel*. Grammatik, Texte mit Übersetzung und Erläuterungen. 2., umgearbeitete Auflage. 165 Seiten. 1953 . . . . Bd. 79

Germanische Sprachwissenschaft von *H. Krahe*.
- I: Einleitung und Lautlehre. 3. Auflage. In Vorbereitung Bd. 238
- II: Formenlehre. 2. Auflage. 140 Seiten .1948 . . . . . Bd. 780

Altnordisches Elementarbuch von *F. Ranke*. Schrifttum, Sprache, Texte mit Übersetzung und Wörterbuch. 2., durchgesehene Auflage. 146 Seiten. 1949 . . . . Bd. 1115

Englisch · Französisch · Italienisch

Altenglisches Elementarbuch von *M. Lehnert*. Einführung, Grammatik, Texte mit Übersetzung und Wörterbuch. 3., verbesserte Auflage. 178 Seiten. 1955 . . . . . . Bd. 1125

Historische neuenglische Laut- und Formenlehre von *E. Ekwall*. 3., durchgesehene Auflage. 150 Seiten. 1956 . . Bd. 735

Englische Literaturgeschichte.
- I: Die alt- und mittelenglische Periode von *F. Schubel*. 163 Seiten. 1954 . . . . Bd. 1114
- II: Von der Renaissance bis zur Aufklärung von *Paul Meissner †*. 139 Seiten. 1937 . . . . Bd. 1116
- III: Romantik und Viktorianismus von *Paul Meissner †*. 150 Seiten. 1938 . . . . Bd. 1124
- IV: Das 20. Jahrhundert von *Paul Meissner †*. 150 Seiten. 1939 . . . . Bd. 1136

Beowulf von *M. Lehnert*. Eine Auswahl mit Einführung, teilweiser Übersetzung, Anmerkungen und etymologischem Wörterbuch. 2., verbesserte Auflage. 135 Seiten. 1949 Bd. 1135

Shakespeare von *P. Meissner †*. 2. Auflage, neubearbeitet von *M. Lehnert*. 136 Seiten. 1954 . . . . Bd. 1142

Romanische Sprachwissenschaft von *H. Lausberg*.
- I: Einleitung und Vokalismus. 160 Seiten. 1956 . . Bd. 128/128a
- II: Konsonantismus. 95 Seiten. 1956 . . . . Bd. 250

Italienische Literaturgeschichte von *K. Vossler †*. Unveränderter Nachdruck der 1927 erschienenen 4., durchgesehenen und verbesserten Auflage. 148 Seiten. 1948 Bd. 125

Griechisch · Lateinisch

Griechische Sprachwissenschaft von *W. Brandenstein*.
- I: Einleitung, Lautsystem, Etymologie. 160 Seiten. 1954 Bd. 117
- II: In Vorbereitung . . . . Bd. 118

Geschichte der griechischen Sprache
- I: Bis zum Ausgang der klassischen Zeit. Von *O. Hoffmann †*. 3., umgearbeitete Auflage von *A. Debrunner*. 156 Seiten. 1954 . . . . Bd. 111
- II: Grundfragen und Grundzüge d. nachklass. Griechisch. Von *A. Debrunner*. 144 Seiten. 1954 . . . . Bd. 114

Geschichte der griechischen Literatur von *W. Nestle*. 2., verbesserte Auflage.
I: Von den Anfängen bis auf Alexander d. Gr. 148 Seiten. 1950 . . . . Bd. 70
II: Von Alexander d. Gr. bis zum Ausgang der Antike. 128 Seiten. 1948 . . . . Bd. 557

Geschichte der lateinischen Sprache von *F. Stolz †*. 3., stark umgearbeitete Auflage von *A. Debrunner*. 136 Seiten. 1953 . . . . Bd. 492

Hebräisch · Sanskrit · Russisch

Hebräische Grammatik von *G. Beer †*. 2., völlig neubearbeitete Auflage von *R. Meyer*.
I: Schrift-, Laut- und Formenlehre I. 157 Seiten. 1952. Bd. 763/763a
II: Schrift-, Laut- und Formenlehre II. 195 Seiten. 1955 . . . . Bd. 764/764a

Sanskrit-Grammatik von *M. Mayrhofer*. 89 Seiten. 1953 . . Bd. 1158

Russische Grammatik von *G. Berneker*. 6., unveränderte Auflage von *M. Vasmer*. 155 Seiten. 1947 . . . . Bd. 66

Erd- und Länderkunde

Afrika von *F. Jaeger*. Ein geographischer Überblick. 2., umgearbeitete Auflage.
I: Der Lebensraum. 179 Seiten mit 18 Abbildungen. 1954 Bd. 910
II: Mensch und Kultur. 155 Seiten mit 6 Abbildungen. 1954 Bd. 911

Iberoamerika von *O. Quelle*. In Vorbereitung . . . . Bd. 856

Australien und Ozeanien von *H. J. Krug*. 176 Seiten mit 46 Skizzen. 1953 . . . . Bd. 319

Kartenkunde von *M. Eckert-Greifendorff †*. 3., durchgesehene Auflage von *W. Kleffner*. 149 Seiten mit 63 Abb. 1950 Bd. 30

Volkswirtschaft · Publizistik

Allgemeine Betriebswirtschaftslehre von *K. Mellerowicz*. 9., unveränderte Auflage. 1956.
I: 142 Seiten . . . . Bd. 1008
II: 112 Seiten. Bd. 1153
III: 143 Seiten. Bd. 1154

Allgemeine Volkswirtschaftslehre von *A. Paulsen*.
I: Grundlegung, Wirtschaftskreislauf. 138 Seiten mit 11 Abbildungen. 1956. . . . . Bd. 1169
II: Haushalte, Unternehmungen, Marktformen. In Vorbereitung . . . . Bd. 1170
III: Produktionsfaktoren, Geldwesen. In Vorbereitung . . Bd. 1171
IV: Konjunktur, Außenhandel, staatliche Aktivität. In Vorbereitung . . . . Bd. 1172

Zeitungslehre von *E. Dovifat*. 3., neubearbeitete Auflage. 1955.
I: Theoretische und rechtliche Grundlagen, Nachricht und Meinung, Sprache und Form. 148 Seiten. 1955 . . . . Bd. 1039
II: Redaktion, Die Sparten, Verlag und Vertrieb, Wirtschaft und Technik, Sicherung der öffentlichen Aufgabe. 158 Seiten. 1955 . . . . Bd. 1040

Naturwissenschaften

Mathematik

Geschichte der Mathematik von *J. E. Hofmann.*
I: Von den Anfängen bis zum Auftreten von Fermat und Descartes. 200 Seiten. 1953 . . . . Bd. 226

Mathematische Formelsammlung von *F. Ringleb.* Vollständig umgearbeitete Neuausgabe des Werkes von *O. Th. Bürklen.* 6., durchgesehene Aufl. 274 Seiten mit 57 Figuren. 1956. In Vorbereitung . . . . Bd. 51

Fünfstellige Logarithmen von *A. Adler.* Mit mehreren graphischen Rechentafeln und häufig vorkommenden Zahlwerten. 2. Auflage. Neudruck. 127 Seiten mit 1 Tafel. 1949 . . . . Bd. 423

Höhere Algebra von *H. Hasse.* 3., verbesserte Auflage.
I: Lineare Gleichungen. 152 Seiten. 1951 . . . . Bd. 931
II: Gleichungen höheren Grades. 158 Seiten mit 5 Figuren. 1951 . . . . Bd. 932

Aufgabensammlung zur höheren Algebra von *H. Hasse* und *W. Klobe.* 2., verbesserte und vermehrte Auflage. 181 Seiten. 1952 . . . . Bd. 1082

Elementare und klassische Algebra vom modernen Standpunkt von *W. Krull.* 2., erweiterte Auflage.
I: 136 Seiten. 1952 . . . . Bd. 930

Einführung in die Zahlentheorie von *A. Scholz †.* 2. Auflage, überarbeitet von *B. Schoeneberg.* 128 Seiten. 1955 . . . Bd. 1131

Elemente der Funktionentheorie von *K. Knopp.* 4. Auflage. 144 Seiten mit 23 Fig. 1955 . . . . Bd. 1109

Funktionentheorie von *K. Knopp.* 8. Auflage.
I: Grundlagen der allgemeinen Theorie der analytischen Funktionen. 139 Seiten mit 8 Fig. 1955 . . . . Bd. 668
II: Anwendungen und Weiterführung der allgemeinen Theorie. 130 Seiten mit 7 Fig. 1955 . . . . Bd. 703

Aufgabensammlung zur Funktionentheorie von *K. Knopp.* 4. Auflage.
I: Aufgaben zur elementaren Funktionentheorie. 135 Seiten. 1949 . . . . Bd. 877
II: Aufgaben zur höheren Funktionentheorie. 151 Seiten. 1949 . . . . Bd. 878

Repetitorium und Aufgabensammlung zur Differentialrechnung von *A. Witting †.* 2., neubearbeitete Auflage. Durchgesehener Neudruck. 145 Seiten. 1949 . . . . Bd. 146

Repetitorium und Aufgabensammlung zur Integralrechnung von *A. Witting †.* 2., neubearbeitete Auflage. Durchgesehener Neudruck. 121 Seiten mit 32 Figuren und 309 Beispielen. 1949 . . . . Bd. 147

Gewöhnliche Differentialgleichungen von *G. Hoheisel.* 4., neubearbeitete Auflage. 129 Seiten. 1951 . . . . Bd. 920

Partielle Differentialgleichungen von *G. Hoheisel.* 3., neubearbeitete Auflage. 130 Seiten. 1953 . . . . Bd. 1003

Aufgabensammlung zu den gewöhnlichen und partiellen Differentialgleichungen von *G. Hoheisel.* 2., umgearbeitete Auflage. 124 Seiten. 1952 . . . . Bd. 1059

Mengenlehre von *E. Kamke,* 3., neubearbeitete Auflage. 194 Seiten mit 6 Figuren. 1955 . . . . Bd. 999/999a

Darstellende Geometrie von *W. Haack.*
I: Die wichtigsten Darstellungsmethoden. Grund- und Aufriß ebenflächiger Körper. 110 Seiten mit 117 Abbildungen. 1954 . . . . Bd. 142
II: Körper mit krummen Begrenzungsflächen. Kotierte Projektionen. 129 Seiten mit 86 Abbildungen. 1954 . . Bd. 143
III: Axonometrie. Perspektive. Photogrammetrie. In Vorbereitung . . . . Bd. 144

Sammlung von Aufgaben und Beispielen zur analytischen Geometrie der Ebene von *R. Haussner †.* Mit den vollständigen Lösungen. 139 Seiten mit 22 Figuren im Text. Neudruck. 1949 . . . . Bd. 256

Nichteuklidische Geometrie von *R. Baldus †.* Hyperbolische Geometrie der Ebene. 3., verbesserte Auflage, durchgesehen und herausgegeben von *F. Löbell.* 140 Seiten mit 70 Figuren im Text. 1953 . . . . Bd. 970

Differentialgeometrie von *K. Strubecker* (früher Rothe).
I: Kurventheorie der Ebene und des Raumes. 150 Seiten mit 18 Figuren. 1955 . . . . Bd. 1113/1113a

Einführung in die konforme Abbildung von *L. Bieberbach.* 4. Auflage. 147 Seiten mit 42 Zeichnungen. 1949 . . . Bd. 768

Vektoranalysis von *S. Valentiner.* Neudruck der 7. Auflage (1950). 138 Seiten mit 19 Figuren. 1954 . . . . . . Bd. 354

Vermessungskunde von *P. Werkmeister.*
I: Stückmessung und Nivellieren. 9. Auflage. 165 Seiten mit 145 Figuren. 1949 . . . . Bd. 468
II: Messung von Horizontalwinkeln. Festlegung von Punkten im Koordinatensystem. Absteckungen. 7. Auflage. 151 Seiten mit 93 Figuren. 1949 . . . . Bd. 469
III: Trigonometrische und barometrische Höhenmessung. Tachymetrie und Topographie. 6. Auflage. 147 Seiten mit 64 Figuren. 1949 . . . . Bd. 862

Versicherungsmathematik von *F. Böhm.*
I: Elemente der Versicherungsrechnung. 3., vermehrte und verbesserte Auflage. Durchgesehener Neudruck. 151 Seiten. 1954 . . . . Bd. 180
II: Lebensversicherungsmathematik. Einführung in die technischen Grundlagen der Sozialversicherung. 2., verbesserte Auflage. 205 Seiten. 1953 . . . . Bd. 917/917a

Physik

Einführung in die theoretische Physik von *W. Döring.*
I: Mechanik. 119 Seiten mit 29 Abbildungen. 1954 . . Bd. 76
II: Das elektromagnetische Feld. 123 Seiten mit 15 Abbildungen. 1955 . . . . Bd. 77
III: Optik. 117 Seiten mit 32 Abbildungen. 1956 . . . . Bd. 78
IV: Thermodynamik. Mit 9 Abbildungen. In Vorbereitung Bd. 374

Atomphysik von *K. Bechert* u. *Ch. Gerthsen.* 3., umgearb. Aufl.
I: Allgemeine Grundlagen. I. Teil von *Ch. Gerthsen.* 123 Seiten mit 35 Abbildungen. 1955 . . . . Bd. 1009
II: Allgemeine Grundlagen. II. Teil von *Ch. Gerthsen.* 112 Seiten mit 48 Abbildungen. 1955 . . . . Bd. 1033
III: Theorie des Atombaus. I. Teil von *K. Bechert.* 148 Seiten mit 16 Abbildungen. 1954 . . . . . Bd. 1123/1123a
IV: Theorie des Atombaus. 2. Teil von *K. Bechert.* 170 Seiten mit 14 Abbildungen. 1954 . . . . Bd. 1165/1165a

Differentialgleichungen der Physik von *F. Sauter*. 2. Auflage. 148 Seiten mit 16 Figuren. 1950 . . . . Bd. 1070

Physikalische Formelsammlung von *G. Mahler* und *K. Mahler*. 9., durchgesehene Auflage. 153 Seiten mit 69 Figuren. 1955 . . . . Bd. 136

Physikalische Aufgabensammlung von *G. Mahler* u. *K. Mahler*. Mit den Ergebnissen. 8., durchgesehene Auflage. 127 Seiten. 1955 . . . . Bd. 243

Chemie

Geschichte der Chemie von *G. Lockemann*. In kurzgefaßter Darstellung.
- I: Vom Altertum bis zur Entdeckung des Sauerstoffs. 142 Seiten mit 8 Bildnissen. 1950 . . . . Bd. 264
- II: Von der Entdeckung des Sauerstoffs bis zur Gegenwart. 151 Seiten mit 16 Bildnissen. 1955 . . . . Bd. 265/265a

Anorganische Chemie von *W. Klemm*. 8. Auflage. 184 Seiten mit 18 Abbildungen. 1954 . . . . Bd. 37

Organische Chemie von *W. Schlenk*. 6., erweiterte Auflage. 263 Seiten. 1954 . . . . Bd. 38/38a

Allgemeine und physikalische Chemie von *W. Schulze*. 4., neubearbeitete Auflage.
- I: 139 Seiten mit 10 Figuren. 1955 . . . . Bd. 71
- II: 177 Seiten mit 37 Figuren. 1956 . . . . Bd. 698/698a
- III: 1956. In Vorbereitung . . . . Bd. 786

Analytische Chemie von *J. Hoppe*. 5., verbesserte Auflage.
- I: Reaktionen. 135 Seiten. 1950 . . . . Bd. 247
- II: Gang der qualitativen Analyse. 166 Seiten. 1950 . . Bd. 248

Maßanalyse von *G. Jander* und *K. J. Jahr*. Theorie und Praxis der klassischen und der elektrochemischen Titrierverfahren. 7. Auflage.
- I: Grundlagen. Oxydations- und Reduktionsanalysen. In Vorbereitung . . . . Bd. 221
- II: Neutralisations- und Fällungsanalysen. In Vorbereitung Bd. 1002
- III: Komplexometrie. Konduktometrie. Potentiometrie. In Vorbereitung . . . . Bd. 1004

Thermochemie von *W. A. Roth*. 2., verbesserte Auflage. 109 Seiten mit 16 Figuren. 1952 . . . . Bd. 1057

Physikalisch-chemische Rechenaufgaben von *E. Asmus*. 2. Auflage. 96 Seiten. 1949 . . . . Bd. 445

Stöchiometrische Aufgabensammlung von *W. Bahrdt* und *R. Scheer*. Mit den Ergebnissen. 5., verbesserte Auflage. 120 Seiten. 1952 . . . . Bd. 452

Elektrochemie und ihre physikalisch-chemischen Grundlagen von *A. Dassler*.
- I: 149 Seiten mit 21 Abbildungen. 1950. . . . . Bd. 252
- II: 178 Seiten mit 17 Abbildungen. 1950. . . . . Bd. 253

Technologie

Warenkunde von *K. Hassak†* und *E. Beutel†*. 7. Auflage. Neubearbeitet von *A. Kutzelnigg*.
- I: Anorganische Waren sowie Kohle und Erdöl. 116 Seiten mit 19 Figuren. 1947. . . . . Bd. 222
- II: Organische Waren. 143 Seiten mit 32 Figuren. 1949 . Bd. 223

Die Fette und Öle von *K. Braun†*. 5., völlig neubearbeitete und verbesserte Auflage von *Th. Klug*. 145 Seiten. 1950 Bd. 335

Die Seifenfabrikation von *K. Braun†*. 3., neubearbeitete und verbesserte Auflage von *Th. Klug*. 116 Seiten mit 18 Abbildungen. 1953 . . . . Bd. 336

Textilindustrie.

I: Spinnerei und Zwirnerei von *A. Blümcke*. 112 Seiten mit 43 Abbildungen. 1954 . . . . Bd. 184

Biologie

Einführung in die allgemeine Biologie von *M. Hartmann*. In Vorbereitung . . . . Bd. 96

Hormone von *G. Koller*. 2., neubearbeitete und erweiterte Auflage. 187 Seiten mit 60 Abb. und 19 Tabellen. 1949 . Bd. 1141

Fortpflanzung im Tier- und Pflanzenreich von *J. Hämmerling*. 2., ergänzte Auflage. 135 Seiten mit 101 Abb. 1951 . Bd. 1138

Geschlecht und Geschlechtsbestimmung im Tier- und Pflanzenreich von *M. Hartmann*. 2., verbesserte Auflage. 116 Seiten mit 61 Abbildungen und 7 Tabellen. 1951. . Bd. 1127

Grundriß der allgemeinen Mikrobiologie von *W. Schwartz*.

I: 104 Seiten mit 17 Abbildungen. 1949. . . . . Bd. 1155

II: 93 Seiten mit 12 Abbildungen. 1949. . . . . Bd. 1157

Symbiose der Tiere mit pflanzlichen Mikroorganismen von *P. Buchner*. 2., verbesserte und vermehrte Auflage. 130 Seiten mit 121 Abbildungen. 1949 . . . . Bd. 1128

Botanik

Entwicklungsgeschichte des Pflanzenreiches von *H. Heil*. 2. Auflage. 138 Seiten mit 94 Abbildungen und 1 Tabelle. 1950 Bd. 1137

Morphologie der Pflanzen von *L. Geitler*. 3. Auflage. 126 Seiten mit 114 Abbildungen. 1953 . . . . Bd. 141

Pflanzenzüchtung von *H. Kuckuck*. 3., völlig umgearbeitete Auflage.

I: Grundzüge der Pflanzenzüchtung. 132 Seiten mit 22 Abbildungen. 1952 . . . . Bd. 1134

Die Laubhölzer von *F. W. Neger†* und *E. Münch†*. Kurzgefaßte Beschreibung der in Mitteleuropa gedeihenden Laubbäume und Sträucher. 3., durchgesehene Auflage, herausgegeben von *B. Huber*. 143 Seiten mit 63 Figuren und 7 Tabellen. 1950 . . . . Bd. 718

Die Nadelhölzer (Koniferen) und übrigen Gymnospermen von *F. W. Neger†* und *E. Münch†*. 4. Auflage. Durchgesehen und ergänzt von *B. Huber*. 140 Seiten mit 75 Figuren, 4 Tabellen und 3 Karten. 1952 . . . . Bd. 355

Zoologie

Entwicklungsphysiologie der Tiere von *F. Seidel*.

I: Ei und Furchung. 126 Seiten mit 29 Abbildungen. 1953 . . . . Bd. 1162

II: Körpergrundgestalt und Organbildung. 159 Seiten mit 42 Abbildungen. 1953 . . . . Bd. 1163

Das Tierreich.

Fische von *D. Lüdemann*. 130 Seiten mit 65 Abbildungen. 1955 . . . . Bd. 356

Insekten von *H. von Lengerken*. 128 Seiten mit 58 Abbildungen. 1953 . . . . Bd. 594

Lurche von *K. Herter*. 140 Seiten mit 129 Abbild. 1955 Bd. 847
Spinnentiere von *A. Kaestner*. 96 S. mit 55 Abb. 1955 Bd. 1161
Würmer von *S. Jaeckel*. 112 Seiten mit 36 Abbild. 1955 Bd. 439
Weichtiere von *S. Jaeckel*. 92 Seiten mit 34 Abbildungen. 1954 . . . . Bd. 440
Stachelhäuter von *S. Jaeckel*. 100 Seiten mit 46 Abbildungen. 1955 . . . . Bd. 441
Schwämme und Hohltiere von *H. J. Hannemann*. 95 Seiten mit 80 Abbildungen. 1956 . . . . Bd. 442
Krebse von *H. E. Gruner* und *K. Deckert*. Mit 43 Abbildungen. 1956. In Vorbereitung . . . . Bd. 443
Protozoa von *E. Reichenow*. 1956. In Vorbereitung Bd. 444

Vergleichende Physiologie der Tiere von *K. Herter*. 3. Auflage der „Tierphysiologie".
I: Stoff- und Energiewechsel. 155 Seiten mit 64 Abbild. 1950 . . . . Bd. 972
II: Bewegung und Reizerscheinungen. 148 Seiten mit 110 Abbildungen. 1950 . . . . Bd. 973

Land- und Forstwirtschaft

Landwirtschaftliche Tierzucht von *H. Vogel*. Die Züchtung und Haltung der landwirtschaftlichen Nutztiere. 139 Seiten mit 11 Abbildungen. 1952 . . . . Bd. 228

Kulturtechnische Bodenverbesserungen von *O. Fauser*. 4., neubearbeitete Auflage.
I: Allgemeines, Entwässerung. 122 Seiten mit 47 Abbildungen. 1947 . . . . Bd. 691
II: Bewässerung, Ödlandkultur, Umlegung. 150 Seiten mit 67 Abbildungen. 1949 . . . . Bd. 692

Agrikulturchemie von *K. Scharrer*.
I: Pflanzenernährung. 143 Seiten. 1953 . . . . Bd. 329
II: Futtermittelkunde. 1956. In Vorbereitung . . . . . Bd. 330

Geologie · Mineralogie · Kristallographie

Kristallographie von *W. Bruhns†* und *P. Ramdohr*. 4. Auflage. 106 Seiten mit 163 Abbildungen. 1954 . . . . Bd. 210

Einführung in die Kristalloptik von *E. Buchwald*. 4., verbess. Auflage. 138 Seiten mit 121 Figuren. 1952 . . . . . Bd. 619

Lötrohrprobierkunde von *M. Henglein*. Mineraldiagnose mit Lötrohr- und Tüpfelreaktion. 3., verbesserte Auflage. 91 Seiten mit 11 Figuren. 1949 . . . . Bd. 483

Mineral- und Erzlagerstättenkunde von *H. Huttenlocher†*.
I: 128 Seiten mit 34 Abbildungen. 1954 . . . . Bd. 1014
II: 156 Seiten mit 48 Abbildungen. 1954 . . . . . Bd. 1015/1015a

Allgemeine Mineralogie von *R. Brauns†* und *K. F. Chudoba*. 9., erweiterte Auflage der „Mineralogie" von *Brauns-Chudoba*. 104 Seiten mit 107 Figuren, 1 Tafel, 2 Tabellen. 1955 . . . . Bd. 29

Spezielle Mineralogie von *R. Brauns†* und *K. F. Chudoba*. 9., erweiterte Auflage der „Mineralogie" von *Brauns-Chudoba*. 133 Seiten mit 105 Figuren. 1955 . . . . . . Bd. 31

Petrographie. Von *W. Bruhns†* und *P. Ramdohr*. 4., durchgesehene Auflage. 104 Seiten mit 10 Figuren. 1955 . . . Bd. 173

Geologie von *F. Lotze*. 176 Seiten mit 80 Abbildungen. 1955 . . Bd. 13

Technik

Elektrotechnik

Grundlagen der Elektrotechnik von *O. Mohr.* 2 Bände. In Vorbereitung . . . . Bd. 196/197

Die Gleichstrommaschine von *K. Humburg.* Durchgesehener Neudruck.
I: 102 Seiten mit 59 Abbildungen. 1949 . . . . Bd. 257
II: 98 Seiten mit 38 Abbildungen. 1949 . . . . Bd. 881

Die synchrone Maschine von *K. Humburg.* Neudruck. 109 Seiten mit 78 Bildern. 1951 . . . . Bd. 1146

Induktionsmaschinen von *F. Unger.* 2., erweiterte Auflage. 142 Seiten mit 49 Abbildungen. 1954 . . . . Bd. 1140

Die komplexe Berechnung von Wechselstromschaltungen von *H. H. Meinke.* 160 Seiten mit 114 Abbildungen. 1949 . Bd. 1156

Theoretische Grundlagen zur Berechnung der Schaltgeräte von *F. Kesselring.* 3. Auflage. 144 Seiten mit 92 Abbildungen. 1950 . . . . Bd. 711

Einführung in die Technik selbsttätiger Regelungen von *W. zur Megede.* 1956. In Vorbereitung . . . . Bd. 714/714a

Elektromotorische Antriebe (Grundlagen für die Berechnung) von *A. Schwaiger.* 3., neubearbeitete Auflage. 96 Seiten mit 34 Abbildungen. 1952 . . . . Bd. 827

Technische Tabellen und Formeln von *W. Müller.* 4., verbesserte und erweiterte Auflage von *E. Schulze.* 152 Seiten mit 105 Figuren. 1951 . . . . Bd. 579

Überspannungen und Überspannungsschutz von *G. Frühauf.* Durchgesehener Neudruck. 122 Seiten mit 98 Abbildungen. 1950 . . . . Bd. 1132

Maschinenbau

Metallkunde. Einführendes über Aufbau, Eigenschaften und Untersuchung von Metallen und Legierungen sowie über Grundlagen des Schmelzens, des Gießens, des Verformens, der Wärmebehandlung, der Oberflächenbehandlung, der Verbinde- und Trennarbeiten von *H. Borchers.*
I: Aufbau der Metalle und Legierungen. 3. Auflage. 1956. In Vorbereitung . . . . Bd. 432
II: Eigenschaften. Grundzüge der Form- und Zustandsgebung. 2. Auflage. 154 Seiten mit 8 Tabellen und 100 Abbildungen. 1952 . . . . Bd. 433

Die Werkstoffe des Maschinenbaues von *A. Thum* und *C. M. Freiherr von Meysenbug.*
I: 1956. In Vorbereitung . . . . Bd. 476

Dynamik von *W. Müller.* 2., verbesserte Auflage.
I: Dynamik des Einzelkörpers. 128 Seiten mit 48 Figuren. 1952 . . . . Bd. 902
II: Systeme von starren Körpern. 102 Seiten mit 41 Figuren. 1952 . . . . Bd. 903

Technische Schwingungslehre von *L. Zipperer.* 2., neubearbeitete Auflage.

I: Allgemeine Schwingungsgleichungen, einfache Schwinger. 120 Seiten mit 101 Abbildungen. 1953 . . . . . Bd. 953
II: Torsionsschwingungen in Maschinenanlagen. 102 Seiten mit 59 Abbildungen. 1955 . . . . Bd. 961/961a

Transformatoren von *W. Schäfer*. 2. Auflage mit 74 Abbildungen. 1956. In Vorbereitung . . . . Bd. 952

Werkzeugmaschinen für Metallbearbeitung von *K. P. Matthes*.
I: 110 Seiten mit 27 Abbildungen, 11 Zahlentafeln im Text und 1 Tafelanhang. 1954 . . . . Bd. 561
II: Fertigungstechnische Grundlagen der neuzeitlichen Metallbearbeitung. 101 Seiten mit 30 Abbildungen und 5 Tafeln im Text. 1955 . . . . Bd. 562

Die Maschinenelemente von *E. A. vom Ende*. 3., verbesserte Auflage. Mit 175 Figuren und 9 Tafeln. 1956. In Vorbereitung . . . . Bd. 3

Das Maschinenzeichnen mit Einführung in das Konstruieren von *W. Tochtermann*. 4. Auflage.
I: Das Maschinenzeichnen. 156 Seiten mit 77 Tafeln. 1950 Bd. 589
II: Ausgeführte Konstruktionsbeispiele. 130 Seiten mit 58 Tafeln. 1950 . . . . Bd. 590

Getriebelehre von *P. Grodzinski*. 2., neubearbeitete Auflage.
I: Geometrische Grundlagen. 159 Seiten mit 142 Figuren. 1953 . . . . Bd. 1061

Gießereitechnik von *H. Jungbluth*.
I: Eisengießerei. 126 Seiten mit 44 Abbildungen. 1951 . . Bd. 1159

Die Dampfkessel und Feuerungen einschließlich Hilfseinrichtungen in Theorie, Konstruktion und Berechnung von *W. Marcard †*. 2. Auflage. Neubearbeitet von *K. Beck*.
I: Die theoretischen Grundlagen. Wärme, Verbrennung, Wärmeübertragung. 150 Seiten mit 42 Abbildungen und 16 Tabellen. 1951 . . . . Bd. 9
II: Dampfkessel. 147 Seiten mit 43 Abbildungen. 1952 . . Bd. 521

Dampfturbinen von *C. Zietmann*. 3., verbesserte Auflage.
I: Theorie der Dampfturbinen. 140 Seiten mit 48 Abbildungen. 1955 . . . . Bd. 274
II: Die Berechnung der Dampfturbinen und die Konstruktion der Einzelteile. 134 Seiten mit 111 Abbildungen. 1956 . . . . Bd. 715
III: Ihre Wirkungsweise, Berechnung und Konstruktion. Mit 90 Abbildungen. 1956. In Vorbereitung . . . . . . Bd. 716

Industrielle Kraft- und Wärmewirtschaft von *F. A. F. Schmidt*. 1956. In Vorbereitung. . . . . Bd. 318/318a

Technische Thermodynamik von *W. Nusselt*.
I: Grundlagen. 4., verbesserte Auflage. 144 Seiten mit 71 Abbildungen. 1956. In Vorbereitung . . . . Bd. 1084
II: Theorie der Wärmekraftmaschinen. Neudruck. 144 Seiten mit 87 Abbildungen und 32 Zahlentafeln. 1951 . . Bd. 1151

Autogenes Schweißen und Schneiden von *H. Niese*. 5. Auflage. Neubearbeitet von *A. Küchler*. 136 Seiten mit 71 Figuren. 1954 . . . . Bd. 499

Die elektrischen Schweißverfahren von *H. Niese*. 2. Auflage. Neubearbeitet von *H. Dienst*. 136 Seiten mit 58 Abbildungen. 1955 . . . . Bd. 1020

Hebezeuge von *G. Tafel*.
I: 2., verbesserte Auflage. 276 Seiten mit 230 Figuren. 1954 . . . . Bd. 414/414a

Wasserbau

Wasserkraftanlagen von *A. Ludin.*
I: Planung, Grundlagen und Grundzüge. 124 Seiten mit 60 Abbildungen. 1955 . . . . Bd. 665
II: In Vorbereitung . . . . Bd. 666

Verkehrswasserbau von *H. Dehnert.*
I: Entwurfsgrundlagen, Flußregelungen. 103 Seiten mit 52 Textabbildungen. 1950 . . . . Bd. 585
II: Flußkanalisierungen und Schiffahrtskanäle. 94 Seiten mit 60 Textabbildungen. 1950 . . . . Bd. 597
III: Schleusen und Hebewerke. 98 Seiten mit 70 Textabbildungen. 1950 . . . . Bd. 1152

Talsperren von *F. Tölke.* 122 Seiten mit 70 Abbildungen. 1953 Bd. 1044

Wehr- und Stauanlagen von *H. Dehnert.* 134 Seiten mit 90 Abbildungen. 1952 . . . . Bd. 965

Hoch- und Tiefbau

Festigkeitslehre von *W. Gehler †* und *W. Herberg.*
I: Elastizität, Plastizität und Festigkeit der Baustoffe und Bauteile. Durchgesehener und erweiterter Neudruck. 159 Seiten mit 18 Bildern. 1952 . . . . Bd. 1144
II: Formänderung, Platten, Stabilität und Bruchhypothesen. Bearb. von *W. Herberg* und *N. Dimitrov.* 187 Seiten mit 94 Bildern. 1955 . . . . Bd. 1145/1145a

Statik der Baukonstruktionen von *A. Teichmann.*
I: Grundlagen. 101 Seiten mit 51 Abbildungen und 8 Formentafeln. 1956 . . . . Bd. 119

Grundlagen des Stahlbetonbaus von *A. Troche.* 2., neubearbeitete und erweiterte Auflage. 208 Seiten mit 75 Abbildungen, 17 Bemessungstafeln und 20 Rechenbeispielen. 1953 . . . . Bd. 1078

Fenster, Türen, Tore aus Holz und Metall. Eine Anleitung zu ihrer guten Gestaltung, wirtschaftlichen Bemessung und handwerksgerechten Konstruktion von *W. Wickop.* 4., überarbeitete Auflage. 155 Seiten mit 95 Abbildungen 1955 . . . . Bd. 1092

Die wichtigsten Baustoffe des Hoch- und Tiefbaus von *O. Graf.* 4., verbesserte Auflage. 131 Seiten mit 63 Abbildungen. 1953 . . . . Bd. 984

Baustoffverarbeitung und Baustellenprüfung des Betons von *A. Kleinlogel.* 2., neubearbeitete und erweiterte Auflage. 126 Seiten mit 35 Abbildungen. 1951 . . . . . . Bd. 978

Heizung und Lüftung von *J. Körting †* und *W. Körting.* 8., neubearbeitete Auflage.
I: Das Wesen und die Berechnung der Heizungs- und Lüftungsanlagen. 140 Seiten mit 29 Abbildungen und 18 Zahlentafeln. 1951 . . . . Bd. 342
II: Die Ausführung der Heizungs- und Lüftungsanlagen. 152 Seiten mit 165 Abbildungen und 7 Zahlentafeln. 1954 . . . . Bd. 343

SAMMLUNG GÖSCHEN - BANDNUMMERNFOLGE

1 Langosch, Der Nibelunge Nôt
3 vom Ende, Maschinenelemente
9 Marcard-Beck, Dampfkessel I
13 Lotze, Geologie
20 Hofstaetter-Spree, Dt. Sprachlehre
29 Brauns-Chudoba, Allg. Mineralogie
30 Eckert-Greifendorff-Kleffner, Kartenkunde
31 Brauns-Chudoba, Spez. Mineralogie
35 Treue, Deutsche Geschichte
37 Klemm, Anorganische Chemie
38/38a Schlenk, Organ. Chemie
42 Behn, Vorgeschichte Europas
51 Bürklen-Ringleb, Mathematische Formelsammlung
60 Biehle, Stimmkunde
61 Biehle, Redetechnik
66 Berneker-Vasmer, Russische Grammatik
70 Nestle, Griech. Literaturgesch. I
71 Schulze, Allgem. und physikalische Chemie I
76 Döring, Einführg. i. d. theoret. Physik I
77 Döring, Einführg. i. d. theoret. Physik II
78 Döring, Einführg. i. d. theoret. Physik III
79 Hempel, Got. Elementarbuch
80 Weigert, Stilkunde I
96 Hartmann, Allg. Biologie
101 v. Wiese, Soziologie
103 Dahrendorf, Industrie- und Betriebssoziologie
104/104a Hofstätter, Sozialpsychol.
111 Hoffmann-Debrunner, Geschichte der griech. Sprache I
114 Debrunner, Geschichte der griech. Sprache II
117 Brandenstein, Griechische Sprachwissenschaft I
118 Brandenstein, Griechische Sprachwissenschaft II
119 Teichmann, Statik der Baukonstruktionen
125 Vossler, Italienische Literaturgeschichte
128/128a Lausberg, Roman. Sprachwiss. I
136 Mahler, Physikalische Formelsammlung
141 Geitler, Morphologie der Pflanzen
142 Haack, Darst. Geometrie I
143 Haack, Darst. Geometrie II
144 Haack, Darst. Geometrie III
145 Weimer, Geschichte der Pädagogik
146 Witting, Repetitorium und Aufgabensammlung zur Differentialrechnung
147 Witting, Repetitorium und Aufgabensammlung zur Integralrechnung
156/156a Landmann, Philosoph. Anthropologie
170 Oehlmann, Musik des 19. Jahrhunderts
173 Bruhns-Ramdohr, Petrographie
180 Böhm, Versicherungsmathematik I
184 Blümcke, Spinnerei und Zwirnerei
196 Mohr, Grundlagen der Elektrotechnik I
197 Mohr, Grundlagen der Elektrotechnik II
200/200a Gottschald, Dt. Rechtschreibungswörterbuch
210 Bruhns-Ramdohr, Kristallographie
220/220a Moser, Allgemeine Musiklehre
221 Jander-Jahr, Maßanalyse I
222 Hassak-Beutel, Warenkunde I
223 Hassak-Beutel, Warenkunde II
226 Hofmann, Geschichte der Mathematik I
228 Vogel, Landw. Tierzucht
230 Krieger, Bad. Geschichte
238 Krahe, German. Sprachwiss. I
243 Mahler, Physikal. Aufgabensammlung
247 Hoppe, Analytische Chemie I
248 Hoppe, Analytische Chemie II
250 Lausberg, Roman. Sprachwiss. II
252 Dassler, Elektrochemie I
253 Dassler, Elektrochemie II
256 Haussner, Aufgabensammlung zur analytischen Geometrie der Ebene
257 Humburg, Die Gleichstrommaschine I

264 Lockemann, Geschichte der Chemie I
265/265a Lockemann, Geschichte der Chemie II
270 Kirn, Einführung in die Geschichtswissenschaft
274 Zietemann, Dampfturbinen I
279 Jacob, Quellenkunde der deutschen Geschichte I
280 Jacob, Quellenkunde der deutschen Geschichte II
281 Leisegang, Einführung in die Philosophie
284 Jacob-Weden, Quellenkunde der deutschen Geschichte III
318/318a Schmidt, Industrielle Kraft- und Wärmewirtschaft
319 Krug, Australien und Ozeanien
329 Scharrer, Agrikulturchemie I
330 Scharrer, Agrikulturchemie II
335 Braun-Klug, Fette und Öle
336 Braun-Klug, Seifenfabrikation
342 Körting, Heizung und Lüftung I
343 Körting, Heizung und Lüftung II
344 Moser, Musikästhetik
354 Valentiner, Vektoranalysis
355 Neger-Münch, Nadelhölzer
356 Lüdemann, Fische
374 Döring, Einführung in die theoretische Physik IV
375 Preller, Geschichte Englands I
394/394a Schilling, Von der Renaissance bis Kant
414/414a Tafel, Hebezeuge I
422 Gottschald, Dt. Personennamen
423 Adler, Fünfstell. Logarithmen
432 Borchers, Metallkunde I
433 Borchers, Metallkunde II
439 Jaeckel, Würmer
440 Jaeckel, Weichtiere
441 Jaeckel, Stachelhäuter
442 Hannemann, Schwämme und Hohltiere
443 Gruner-Deckert, Krebse
444 Reichenow, Protozoa
445 Asmus, Physikal.-chemische Rechenaufgaben
452 Bahrdt-Scheer, Stöchiometrische Aufgabensammlung
468 Werkmeister, Vermessungskunde I
469 Werkmeister, Vermessungskunde II
476 Thum-Meysenburg, Die Werkstoffe des Maschinenbaues I
483 Henglein, Lötrohrprobierkunde
492 Stolz-Debrunner, Geschichte der lateinischen Sprache
499 Niese, Autogen. Schweißen
500 Simmel, Hauptprobleme der Philosophie
521 Marcard-Beck, Dampfkessel und Feuerungen II
536 Lehmann, Kant
538 Rumpf, Archäologie I
539 Rumpf, Archäologie II
557 Nestle, Griechische Literaturgeschichte II
561 Matthes, Werkzeugmaschinen I
562 Matthes, Werkzeugmasch. II
564 Behn, Kultur der Urzeit I
565 Behn, Kultur der Urzeit II
566 Behn, Kultur der Urzeit III
571 Lehmann, Philosophie des 19. Jahrhunderts
576/576a Moser, Gesangskunst
579 Müller-Schulze, Techn. Tabellen
585 Dehnert, Verkehrswasserbau I
589 Tochtermann, Maschinenzeichnen I
590 Tochtermann, Maschinenzeichnen II
594 Lengerken, Insekten
597 Dehnert, Verkehrswasserbau II
619 Buchwald, Kristalloptik
665 Ludin, Wasserkraftanlagen I
666 Ludin, Wasserkraftanlagen II
668 Knopp, Funktionentheorie I
691 Fauser, Kulturtechn. Bodenverbesserungen I
692 Fauser, Kulturtechn. Bodenverbesserungen II
698/698a Schulze, Allgemeine und physikalische Chemie II
703 Knopp, Funktionentheorie II
709 Lehmann, Philosophie des 19. Jahrhunderts II
711 Kesselring, Berechnung der Schaltgeräte
714/714a zur Megede, Einführung in die Technik selbsttätiger Regelungen
715 Zietemann, Dampfturbinen II
716 Zietemann, Dampfturbinen III
718 Neger-Münch, Laubhölzer
735 Ekwall, Hist. neuengl. Laut- und Formenlehre
763/763a Beer-Meyer, Hebräische Grammatik I
764/764a Beer-Meyer, Hebräische Grammatik II

768 Bieberbach, Einführung in die konforme Abbildung
780 Krahe, Germ. Sprachwiss. II
781 Weigert, Stilkunde II
786 Schulze, Molekülbau
807 Kropp, Erkenntnistheorie I
809 Moser, Harmonielehre I
826 Koch, Philosophie des Mittelalters
827 Schwaiger, Elektromotorische Antriebe
845 Lehmann, Philosophie im ersten Drittel des 20. Jahrh.
847 Herter, Lurche
851 Moede, Psychologie des Berufs- und Wirtschaftslebens
856 Quelle, Iberoamerika
857 Capelle, Griech. Philosophie I
858 Capelle, Griech. Philosoph. II
859 Capelle, Griech. Philosoph. III
862 Werkmeister, Vermessungskunde III
863 Capelle, Griech. Philosoph. IV
877 Knopp, Aufgabensammlung zur Funktionentheorie I
878 Knopp, Aufgabensammlung zur Funktionentheorie II
881 Humburg, Gleichstrommaschine II
902 Müller, Dynamik I
903 Müller, Dynamik II
910 Jaeger, Afrika I
911 Jaeger, Afrika II
917/917a Böhm, Versicherungsmathematik II
920 Hoheisel, Gewöhnliche Differentialgleichungen
929 Schirmer, Dt. Wortkunde
930 Krull, Elementare und klassische Algebra I
931 Hasse, Höhere Algebra I
932 Hasse, Höhere Algebra II
952 Schäfer, Transformatoren
953 Zipperer, Techn. Schwingungslehre I
961/961a Zipperer, Techn. Schwingungslehre II
965 Dehnert, Wehr- u. Stauanlagen
970 Baldus-Löbell, Nichteuklid. Geometrie
972 Herter, Tierphysiologie I
973 Herter, Tierphysiologie II
978 Kleinlogel, Baustoffverarbeitung und Baustellenprüfung des Betons
984 Graf, Die wichtigsten Baustoffe des Hoch- und Tiefbaus
999/999a Kamke, Mengenlehre
1000 Jaspers, Geistige Situation
1002 Jander-Jahr, Maßanalyse II
1003 Hoheisel, Partielle Differentialgleichungen
1004 Jander-Jahr, Maßanalyse III
1008 Mellerowicz, Allgemeine Betriebswirtschaftslehre I
1009 Bechert-Gerthsen, Atomphysik I
1014 Huttenlocher, Mineral- und Erzlagerstättenkunde I
1015/1015a Huttenlocher, Mineral- und Erzlagerstättenkunde II
1021 Niese-Dienst, Elektr. Schweißverfahren
1031 Apel, Philosophisches Wörterbuch
1033 Bechert-Gerthsen, Atomphysik II
1043 Kranefeldt, Therapeutische Psychologie
1039 Dovifat, Zeitungslehre I
1040 Dovifat, Zeitungslehre II
1044 Tölke, Talsperren
1045 Schubert, Technik des Klavierspiels
1051/1051a zu Stolberg-Wernigerode, Gesch. d. Verein. Staaten v. Amerika
1057 Roth, Thermochemie
1059 Hoheisel, Aufgabensammlg. z. d. gewöhnl. u. part. Differentialgleichungen
1061 Grodzinski, Getriebelehre I
1065 Haller, Von den Karolingern zu den Staufern
1070 Sauter, Differentialgleichungen der Physik
1078 Troche, Stahlbetonbau
1082 Hasse-Klobe, Aufgabensammlung zur Höheren Algebra
1084 Nusselt, Technische Thermodynamik I
1086 Müller, Dt. Dichten u. Denken
1088 Preller, Geschichte Engld. II
1092 Wickop, Fenster, Türen, Tore,
1094 Hernried, System. Modulation
1105 Hartung, Dt. Geschichte im Zeitalter der Reformation
1108 de Boor-Wisniewski, Mittelhochdeutsche Grammatik
1109 Knopp, Elemente der Funktionentheorie
1111 Naumann-Betz, Althochdeutsches Elementarbuch

1113/1113a Strubecker, Differentialgeometrie I
1114 Schubel, Englische Literaturgeschichte I
1115 Ranke, Altnord. Elementarbuch
1116 Meissner, Englische Literaturgeschichte II
1121 Naumann, Dt. Dichten und Denken
1122 Feist, Sprechen und Sprachpflege
1123/1123a Bechert-Gerthsen, Atomphysik III
1124 Meissner, Englische Literaturgeschichte III
1125 Lehnert, Altengl. Elementarbuch
1127 Hartmann, Geschlecht und Geschlechtsbestimmung im Tier- und Pflanzenreich
1128 Buchner, Symbiose der Tiere mit pflanzl. Mikroorganismen
1130 Dibelius, Jesus
1131 Scholz-Schoeneberg Einführung in die Zahlentheorie
1132 Frühauf, Überspannungen und Überspannungsschutz
1134 Kuckuck, Pflanzenzüchtung I
1135 Lehnert, Beowulf
1136 Meissner, Englische Literaturgeschichte IV
1137 Heil, Entwicklungsgeschichte des Tier- und Pflanzenreichs
1138 Hämmerling, Fortpflanzung im Tier- und Pflanzenreich
1140 Unger, Induktionsmaschinen
1141 Koller, Hormone
1142 Meissner-Lehnert, Shakespeare
1144 Gehler, Festigkeitslehre I
1145/1145a Herberg, Festigkeitslehre II
1146 Humburg, Synchrone Maschine
1147 v. Waltershausen, Kunst des Dirigierens
1148 Pepping, Der polyphone Satz I
1151 Nusselt, Technische Thermodynamik II
1152 Dehnert, Verkehrswasserbau III
1153 Mellerowicz, Allg. Betriebswirtschaftslehre II
1154 Mellerowicz, Allg. Betriebswirtschaftslehre III
1155 Schwartz, Mikrobiologie I
1156 Meinke, Kompl. Berechng. d. Wechselstromschaltungen
1157 Schwartz, Mikrobiologie II
1158 Mayrhofer, Sanskrit-Grammatik
1159 Jungbluth, Gießereitechnik I
1160 Dibelius-Kümmel, Paulus
1161 Kaestner, Spinnentiere
1162 Seidel, Entwicklungsphysiologie der Tiere I
1163 Seidel, Entwicklungsphysiologie der Tiere II
1165/1165a Bechert-Gerthsen, Atomphysik IV
1169 Paulsen, Allgem. Volkswirtschaftslehre I
1170 Paulsen, Allgem. Volkswirtschaftslehre II
1171 Paulsen, Allgem. Volkswirtschaftslehre III
1172 Paulsen, Allgem. Volkswirtschaftslehre IV

AUTORENREGISTER

FSC
www.fsc.org
MIX
Papier | Fördert
gute Waldnutzung
FSC® C083411

Zeitfracht Medien GmbH
Ferdinand-Jühlke-Straße 7
99095 Erfurt, Deutschland
produktsicherheit@kolibri360.de